U0289260

石油化工专业实践课程
创新体系构建研究

杜金风　王　睿　闫　浩◎著

吉林出版集团股份有限公司

图书在版编目（CIP）数据

石油化工专业实践课程创新体系构建研究 / 杜金风，王睿，闫浩著. — 长春 : 吉林出版集团股份有限公司，2023.10

ISBN 978-7-5731-4375-4

Ⅰ. ①石… Ⅱ. ①杜… ②王… ③闫… Ⅲ. ①高等职业教育－石油化工－课程建设－研究 Ⅳ. ①TE65-4

中国国家版本馆 CIP 数据核字（2023）第 191588 号

石油化工专业实践课程创新体系构建研究

SHIYOU HUAGONG ZHUANYE SHIJIAN KECHENG CHUANGXIN TIXI GOUJIAN YANJIU

著　　者	杜金风　王　睿　闫　浩
出版策划	崔文辉
责任编辑	李金默
封面设计	文　一
出　　版	吉林出版集团股份有限公司
	（长春市福祉大路 5788 号，邮政编码：130118）
发　　行	吉林出版集团译文图书经营有限公司
	（http://shop34896900.taobao.com）
电　　话	总编办：0431-81629909　营销部：0431-81629880/81629900
印　　刷	廊坊市广阳区九洲印刷厂
开　　本	787mm×1092mm　　1/16
字　　数	220 千字
印　　张	13
版　　次	2023 年 10 月第 1 版
印　　次	2024 年 1 月第 1 次印刷
书　　号	ISBN 978-7-5731-4375-4
定　　价	78.00 元

如发现印装质量问题，影响阅读，请与印刷厂联系调换。电话 0316-2803040

前　　言

石油化工行业作为现代工业的重要支柱之一，在国民经济中发挥着不可替代的作用。石油化工行业对高素质、专业技能过硬的人才需求日益增长，而实践课程作为培养学生实际操作能力和解决实际问题能力的重要途径，对石油化工专业学生的职业发展和就业竞争力具有直接影响。传统实践教学往往以传授基本操作技能为主，学生在实践中缺乏主动性和创新性，难以真正掌握核心技术和解决实际问题的能力。

为了满足石油化工行业对高素质人才的需求，学校必须对石油化工专业实践课程进行创新和改进。通过研究石油化工专业实践课程创新体系的构建，可以为培养具备创新精神和实践能力的石油化工专业人才提供有效的教育手段和方法。这对于提升学生的综合素质、适应行业发展的需要，推动石油化工行业的创新和发展具有重要的意义。

鉴于此，本书首先探讨石油化工专业人才培养与实践教学理论，其次论述石油化工专业的实践教学体系构建、石油化工专业实践课程体系的构建，最后围绕石油化工专业实践课程构建的师资建设与方法应用、石油化工专业实践课程体系构建中的应用创新进行研究。

本书以石油化工专业实践课程创新体系构建研究为主题，涵盖了该领域的多个方面，以其综合性、理论与实践结合、先进性、实用性和深度与广度兼顾的特点，为石油化工专业教育的创新和发展提供了有力的支持和指导。全书为读者提供了一个全面的创新体系构建视角，既注重理论研究，又注重实践应用，可为从事石油化工专业教育研究的学者和教育工作者提供一些参考。

在写作本书的过程中，笔者受到了许多前辈学者的启发和帮助，在此深表感激。本书的不足之处在所难免，如有任何错误或疏漏之处，敬请读者斧正，并期待能够得到大家宝贵的意见和建议，以促进本书的不断改进和完善。

目　　录

第一章 石油化工专业人才培养

第一节 石油化工专业人才培养的解读

在当前能源消耗日益紧张的环境下，石油化工产业对高素质人才的需求日益增加，但同时也出现了大量企业面临高素质人才缺口的情况，高端人才相对稀缺。目前，高职院校的石油化工类毕业生主要从事以下六类工作：一是生产线员工，他们参与实际操作、保养和维护等生产线工作；二是中端技术类员工，主要负责石油化工企业产品质量的检测；三是基层管理人员，他们负责基层工作的组织和管理；四是销售人员和售后服务人员；五是科研技术人员，他们负责研发设计石油产品；六是从事企业日常行政工作。从这些情况可以看出，高职院校的人才培养方案必须以满足社会需求为基本原则，学校所教授的内容和社会对技术的需求必须相互匹配、相互衔接。只有这样，才能确保培养出符合行业需求、具备高素质的人才。

一、石油化工专业人才的学习特征

高职石油化工专业人才的学习特征可以从不同角度描述。首先，他们处于刚刚进入高职院校学习的阶段，因此他们的观察能力会有一定的提高。同时，这个阶段是学生记忆力最好的时期之一，他们的思维相对活跃，并且对探索有较强的欲望。除了智力特点，高职石油化工专业学生还具有一些非智力的特点。非智力特点与认知能力有着密切的关系。在高职学习阶段，学生通常会有较强的自我认知意识，他们的自尊心和求知欲望也会得到显著的发展。然而，与此同时，学生的学习耐心和自我意志力相对较差。这导致教师在教学过程中难以与学生建立科学的联系。因此，在开展教学活动时，教师应该有意识地与学生的这些特点相结合，通过非智力因素来激发学生的智力潜能，为他们的成长奠定基础。

总之，高职石油化工专业学生在智力上具有较好的观察能力和记忆能力，思维活跃且有探索欲望。在非智力方面，他们具备较强的自我认知意识、自尊心和求知欲望，但学习耐心和自我意志力相对较弱。教师在教学过程中应充分理解学生的特点，通过针对非智力因素的教学方法来促进学生的智力发展，从而为他们的成长打下坚实的基础。

二、石油化工专业人才培养的模式

（一）线式人才培养模式

"线式的人才培养主要在于对高素质技能人才的培养"。学生的动手实操能力是培养他们的核心要素之一。石油化工产业的复杂性需要采取线性式人才培养模式，其中校企合作起到了重要的桥梁作用。学校和企业共同承担产品研发和生产的主体责任，学生的日常学习也以此为依据，实现了工作与生活的有机结合。

在教学中，可以将专业课和公共选修课进行区分，采用理论结合实践的教学理念，将理论与实践相互融合。教师要尊重知识传授的过程，注重打下良好的基础，从浅入深、化繁为简，以方便学生更好地吸收知识。在教学过程中，教师应善于根据学生的不同情况，灵活多样地设置教学模式，避免让课堂变得单一和乏味，而应采用多元化的教学方法，将学生的兴趣和学习效率纳入教学设计的重要考量。此外，学校应该加大在专业上的师资投入，适当增加科研教育经费，为专业的发展提供支持和助力。

（二）阶梯式人才培养模式

阶梯式人才培养方案是一种通过在企业岗位实践中学习吸收知识和技能的培养模式，旨在提高学生的企业适应能力和生产适应能力。该方案由学校和企业构成两大核心，学校作为人才供给端，企业作为实践与工作供给端。企业为学生提供实践机会，学校根据企业发展需求提供相应的人才，并进行课程改革，使教学内容与实践需求相匹配。

阶梯式人才培养模式分为三个学年。第一学年着重让学生了解石油化工产业岗位需求、行业发展现状与前景，以便进行职业发展与规划。第二学年加强理论和实践的统一学习，学生掌握各种工作技巧，提高工作岗位的适应能力。第三学年学生已经具备大部分职业能力，可以进入企业的一线工作岗位，提高综合能力并掌握燃油加工维护的专业技能。

阶梯式人才培养模式具有由浅入深、循序渐进的特点，其核心目标是培养学生的综合素质和专业能力。企业作为学生的实践基地，实现了学习教学和实践的直接对接，这是该模式成功的基础之一。通过与实际工作环境的结合，学生能够更好地理解并应用所学知识，培养出与企业需求相匹配的技能和能力，提高就业竞争力。

阶梯式人才培养方案为学生提供了更多与企业直接接触和实践的机会，使他们能够更好地适应未来工作中的挑战和变化。同时，学校与企业的合作促进了教育教学内容的更新和优化，使之符合实际需求，提高了教育质量和培养效果。

（三）综合式人才培养模式

综合式人才培养是一种将学校、企业和学生紧密结合起来的培养模式。在这种模式下，企业成为学生学习的平台，教育的主要场所也转移到了企业内部。学生在企业中接受行业背景、专业知识和基本实践的教学。同时，利用各种资源，如竞赛和网站平台，以提升学生的学习兴趣。这种模式对学生的基础知识、专业技能和综合素质提出了更高的要求，将学生的综合实践能力置于学校人才培养的首要位置。

具体而言，人才培养在实践基地和企业的一般岗位进行专业技能培养。学生还在化工分析中心、实训中心等地进一步提升专业技能，必须经历化工操作工作和分析检验工作，尽可能获得相关职业资格证书。这样做的目的是提升学生的多重能力，包括装置操控能力。通过这种综合式培养，学生能够打下坚实的基础，为进入石油化工企业工作做好准备，同时也为石油化工产业提供更多高素质的人才。

综合式人才培养模式实现了学校、企业和学生之间的有机结合。学校通过与企业的合作，提供了实践基地和培训中心等资源，使学生能够接触真实的工作环境和实际工作任务。企业则通过参与学生的培养，将自身的经验和知识传授给学生，并能及时了解和满足市场的需求。而学生则通过这种模式，能够在真实工作场景中学习和实践，提高自己的技能和综合素质。

综合式人才培养模式的实施，为培养适应石油化工企业需求的高素质人才提供了有效途径。通过与企业的紧密合作，学生能够更好地了解企业的运作方式和需求，为日后的就业做好准备。同时，这种培养模式也促进了石油化工产业的提升，通过引入更多高素质的人才，推动行业的发展和创新。

第二节　石油化工专业群复合型人才培养

一、石油化工专业群复合型人才培养设计

为了更好地适应石油化工产业的转型发展需求，需要适度改变人才培养计划。以跨界培养和现代学徒制等相关理论为指导，设计一种复合型人才培养模式，该模式面向石油化工专业群，涉及跨校企、跨院校、跨专业的培养。通过这种方式，提供更多机会给学生，使他们具备更广泛的知识和技能，以适应日益变化的石油化工行业的需求。

高职院校作为专业复合型人才培养的主要机构，其培养方案的基本特性可以归纳为"广泛基础、多样技能、卓越素质"。"广泛基础"指学生需具备两个或更多专业的理论和技能，充实而坚实的专业基础有助于整合各专业的理论知识和综合多方面的能力。"多样技能"指学生需要具备跨专业交叉和融合的技能，多个专业技能的融合和综合发挥是复合型人才的关键标准。"卓越素质"要求学生具备全面的专业知识和基本技能，良好的职业道德和积极的工作态度。

通过这种培养方式，高职院校将致力于培养具备广泛知识背景、多元技能和高度素质的专业人才。这些人才将具备跨学科的思维方式和解决问题的能力，能够适应不断变化的工作环境和行业需求。他们将具备综合素质，能够在复杂的职业领域中做出积极的贡献。高职院校将不断改进培养方案，以确保学生在专业复合型人才培养方面获得最佳教育和培训。

二、石油化工专业群复合型人才培养途径

（一）跨专业构建复合型人才培养体系

石油化工技术专业群是按照"行业背景相近、技能领域相关、专业基础相通、双师队伍共建、实践基地共享"的原则建立的。该专业群主要包括生产设备操作岗位和产品分析检测岗位，并兼顾生产质量管理、产品设备维修、化妆品配方设计、化妆品营销与管理等岗位。专业群的核心是石油化工技术专业，同时支撑应用化工技术和化妆品技术专业，形成综合的专业群。该专业群注重跨专业建设，通过培养机制全面落实跨专业建设复合型人才，重点发展专业核心知识技能，并培养学生的专项复合应用能力，以促进学生的职业化长远发展。毕业生初次就业主要集中于生产线上操作、产品检测、设备维修等岗位，未来的发展方向包括化工产品研发、生产加工管理、质量检测等。

在教学内容方面，该专业群详细分析并汇总具有代表性的工作任务和职业能力要求，整理相应的知识、能力、素质要求，并引进科学工艺流程和技术标准等相关课程内容。建立了石油化工专业群平台+模块课程结构体系（图1-1）。

此外，专业群还注重跨专业培养，通过交叉融合各专业之间的课程，培养集成知识技能、职业素养和职业能力的跨专业复合型人才。

总而言之，石油化工技术专业群以石油化工技术专业为核心，支撑应用化工技术和化妆品技术专业，建立了跨专业建设的培养机制，就业方向广泛，教学内容丰富，注重跨专业培养，旨在培养复合型人才，满足石油化工行业的需求。这将为学生提供广阔的就业前景和职业发展机会。

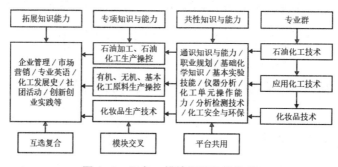

图1-1　平台+模块课程结构体系

（二）跨理实创新改革课堂中教学模式

为了提高课堂教学的实效性、教育教学的效率和质量，并促进学生的理论实践能力、虚拟仿真技能以及创新创业意识与能力的培养，需要采取以下措施：

第一，构建一个科学完善的课程体系，并引入先进的教育教学理念。通过改革课堂教学模式，提供更加灵活的信息化教学手段和方式方法，以满足学生个体的学习需求。这将使得学生能够更好地理解和掌握石油化工领域的知识和技能。

第二，实施理实一体化教学。建设一个石油化工实训中心，并进行实训区域划分。这将使得学生能够将理论与实践结合起来，通过实际操作来巩固和应用所学的知识。这样的教学方式将帮助学生更好地学以致用，并为他们将来的职业发展打下坚实的基础。

第三，引入虚拟仿真教学的方法。构建一个石油化工虚拟仿真实训中心，并引进智能化模拟工厂。此外，建立化工虚拟现实技术体验实训室，以丰富和优化教学资源。通过虚拟仿真技术，学生将能够在虚拟环境中进行实践操作和模拟实验，提高他们的实际操作技能和问题解决能力。

第四，注重创新创业实践。贯彻创新创业意识，设置创业基础课程和就业创业指导，并将创新创业思维与专业知识技能培养融合在一起。提供创新创业实践训练平台，鼓励学生参与各类竞赛，并给予相应的奖励。通过这样的实践机会，学生将能够培养自己的创新创业意识和能力，并为未来的职业发展做好准备。

（三）跨校企实施现代学徒制育人模式

推动校企合作育人的发展，通过创新和优化产教融合模式，建立现代学徒制下的校企合作育人机制。在这一机制中，学生和企业之间进行双向选择，构建现代学徒制班和订单培养班，突破了传统专业的局限性。选择那些表现优秀的学生，并统筹安排教学硬件和软件资源，采用工学交替的教学形式，打造了现代学徒制的教学氛围。

同时，学校与大规模企业合作进行现代学徒制的试点和推广。根据企业的用人需求和岗位资格标准，建设完善的课程体系。基于人才发展规律和工作岗位需求，提供了双选组班、合作育人和择岗就业的培养路径。在这一过程中，职业能力和素养培养成为主线。为了实现这一目标，建立现代学徒制人才培养模式，具体如图1-2所示。这一模式强调培养学生的职业能力和素养，让他们具备适应未来工作需求的能力。学校鼓励学生通过实践与企业紧密合作，获得真实的工作经验和技能培训。通过这种方式，可以更好地满足企业和社会对人才的需求，培养具有创新精神和实践能力的优秀人才。

通过这种以校企合作育人为导向的现代学徒制模式，能够培养出适应社会发展需求的高素质人才，为经济和社会的可持续发展做出积极贡献。

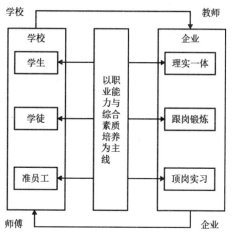

图 1-2　现代学徒制人才培养模式

所谓现代学徒制人才培养模式，即"学校与企业双主体培养人才，以教师与师傅双导师育人，学生、学徒、准员工不同身份对接，理实一体、跟岗锻炼、顶岗实习实践教学相融合，从而培养石油化工专业复合型人才"。

需要注意的是，学生在不同学年的培养重点存在差异。在大一阶段，学生以专业文化课程为主要内容进行学习。而到了大二，学生将进入企业与学生双向选择的阶段，形成以现代学徒制为主的班级。在这一阶段，学校与企业合作，共同设计教学计划，旨在帮助学生直接吸收职业岗位所需的知识与技能。理论与实践教学将并重，学生将有机会参与实际操作，以更好地掌握所学内容。而到了大三，学生将进入岗位轮训的阶段。学生将接受企业师傅的指导，接受职业技能培训，并参与顶岗实习与毕业答辩。这一阶段的目标是让学生在实际工作环境中得到实践锻炼，提高职业素养和技能。

总之，学生的培养重点随着学年的不同而有所变化。从大一的专业文化课程学习，到大二的校企合作和现代学徒制，再到大三的岗位轮训，整个培养过程旨在为学生提供全面的知识与技能，以便他们顺利步入职业生涯。

（四）跨院校、校企、国境联合打造师资队伍

高等职业教育在培养复合型人才方面扮演着重要角色，因此与企业合作共建成为一项关键举措。这种合作与交流为培养高素质、高技能的师资队伍提供了保障。通过与企业合作，教师可以参加交流学习或进入企业岗位实践训练，以提升他们的教学能力。此外，利用企业资源，让技术专家兼任教师，也可以为教学提供实践经验和专业知识。

分层培养计划是培养师资队伍成员的另一种重要方式。通过院校合作、校企合作、工学交替以及线上线下相结合等多元化方式，可以对教师进行分层分类教学，满足不同层次的需求。

教师培训中融入职业道德素养与信息技术的内容也十分重要。教师可以通过集中化脱产学习和网络自主研修相结合的方式，提升自身的职业道德修养和实践教学能力。这样的培训可以使教师更好地适应职业发展的要求。

为了培养骨干教师、专业引导者和名师专家，学校可以设立校内职教名师工作室，并与企业合作共建名师队伍。这样的举措有助于加强领导力，打造"双师型"教师。

在国际合作方面，学校可以与国外高校和教育机构签订合作协议，安排骨干教师参加专业培训与研修，升级他们的职业资格证书。跨国师资培训交流也是一项持续开展的重要活动，通过融入先进的职业教育理念，可以提升整体教育教学水平。

（五）跨院校、跨国进行交流学习

为增强学生的就业竞争力，可以采取一系列措施，包括跨院校、跨国交流学习、参加专业学习、实习、见习等活动，以及聘请专家举办专题培训，培养学生的国际化视野。其中，跨院校、跨国交流学习可以为学生提供广阔的视野和更多的机会，参加不同院校和国外专业的学习、实习和见习，有益于增强学生的知识储备和实践能力，为社会提供更多复合型化工专业人才。

此外，可以与省内其他院校建立长期合作关系，成立技能协作训练小组，

组织技术交流、技能对抗友谊赛等相关活动，构建师生互助合作的交流平台，提高学生的综合素质和职业技能，实现双方的共赢。同时，开设衔接国际标准的专业课程，引入国际职业资格证书培养机制，培养具备国际化视野和职业素养的复合型人才，满足社会对人才的需求。

另外，需要深入探究学分互认模式，促进不同院校、不同国家学分的互认，使学生能够更加灵活地选择学习和发展路径，实现真正的知识和技能的国际化和多元化。同时还可以考虑组织学生留学或者出国访问，以拓展学生的国际视野和人文素养，增强学生的综合能力和竞争力。

综上所述，组织学生跨院校、跨国交流学习，建立合作关系，开展技能协作训练，衔接国际标准课程，深入探究学分互认模式，以及组织留学和参访等活动，是提升学生竞争力的有效途径，有助于构建常态化的交流学习体系，培养更多具有国际化视野和职业素养的专业人才，为社会和国家发展提供源源不断的人才支持。

第三节　石油化工专业"点—线—面—体" 全周期复合人才养

一、石油化工全周期复合人才培养的能力结构

解决石油化工生产中复杂多样的生产实际问题，需要综合运用化学、化工、仪表、设备、自动化等多学科的理论，是一门综合性极强的系统工程，必须以"由点连线、连线成面、构面为体"的思路，建立石油化工工程人才"点—线—面—体"复合型的专业知识能力结构。

第一，专业知识点和专业能力点的确定。将石油化工企业各个岗位所需的专业知识、专业能力体系进行解构，分解成为相对独立但又具有一定逻辑

关系的小模块，即为专业知识点和专业能力点，这些模块是胜任石油化工企业相关工作所需知识、能力的具体内容，也是人才培养方案中课程设置的重要依据，同时也是制定相关课程教学大纲的核心（表 1-1 至表 1-4）。

第二，专业知识能力线的构建。将专业知识点和专业能力点按照属性进行分类，然后依据其所属知识体系、逻辑顺序和支撑关系组合起来，就形成了包含知识和能力两方面要素的、能够协同完成某个知识单元培养要求的线性组合体，我们称之为"专业知识能力线"。最终形成的专业知识能力线共15 条，可根据其在培养体系中的作用分为基础类（A）、专业类（B）、配套类（C）、辅助类（D）四大类（表 1-1 至表 1-4）。

表 1-1　基础类知识能力线及相关知识点、能力点

编号	专业知识的能力线	专业知识点与专业能力点
A1	石油化学基础知识能力线	石油的理化性质与性能知识；石油添加剂种类、结构、性能知识；综合性实验操作能力
A2	石油化工基础知识能力线	石油化工产品的分类、性质知识；石油化工产品添加剂种类、结构、作用机理知识；石油化工产品专业实验设备、装置操作能力
A3	工业催化知识能力线	石油化工生产常见催化过程知识；石油化工生产用催化剂的类型、原理、用途、制备工艺知识；催化剂的选型能力；性能评价能力
A4	工程图学知识能力线	石油化工设备图、工艺流程图、布局图知识；识图能力；初步制图能力

表 1-2　专业类知识能力线及相关知识点、能力点

编号	专业知识能力线	专业知识点和专业能力点
B1	石油加工知识能力线	常减压、催化裂化、催化重整、催化加氢等主要石油加工过程的原理知识；生产工艺知识；工艺流程应用能力；生产实践能力
B2	石油化工生产知识能力线	包括烯烃、芳烃、高分子等石油化工主要产品的生产原理知识；生产工艺知识；产品性能知识；石油化工产品生产应用和实践能力
B3	天然气化工知识能力线	天然气、轻烃的理化性质知识；主要下游产品的类型、生产工艺知识；天然气化工产品生产工艺应用能力；生产实践能力
B4	生产控制知识能力线	DCS 等石油化工生产自动化控制系统的组成、工作原理知识；控制系统操作方法知识；自动化控制系统使用能力；故障分析判别能力

表 1-3　配套类知识能力线及相关知识点、能力点

编号	专业知识能力线	专业知识点和专业能力点
C1	石油化工仪表知识能力线	石油化工现场仪表和控制仪表的类型、结构、工作原理、使用方法知识；常见仪表的操作能力；现场仪表的维护、故障判别能力
C2	石油化工设备知识能力线	泵、塔、器、釜等通用石油化工设备的工作原理、构造知识；使用方法知识；设备的选型、操作、维护、故障判断能力
C3	化工过程知识能力线	石油化工反应、分离过程的特征与分类、研究内容与研究方法、基本原理知识；工程工艺参数计算能力；生产过程选择能力
C4	工程工艺设计知识能力线	石油化工生产过程、工艺、设备的设计原理知识；设计方法知识；工程工艺初步设计能力；设计软件的使用能力
C5	产品质量检验知识能力线	原油、油品、石油化工产品的专、通用检测原理与方法知识；原料、产品质量检验的操作能力；通用和专用分析仪器的操作能力、数据处理、数据分析和报告能力

表 1-4　辅助类知识能力线及相关知识点、能力点

编号	专业知识能力线	专业知识点和专业能力点
D1	环境保护知识能力线	石油化工生产环境监测与评价知识；石化工业三废处理知识；环保装置运行技术知识；环境监测能力；环保装置运行能力
D2	安全生产知识能力线	石化工业安全生产知识；化学品安全知识；安全防护知识；安全装置运行能力；保障生产过程安全能力
D3	研发、服务知识能力线	石油化工产品开发方法知识；生产技术和工艺开发知识；实验方案的设计能力；技术工艺设计能力；科研和技术服务能力
D4	可迁移知识能力线	人文、科学知识；工业经济知识；学习能力；实践应用能力；发现与解决问题能力；团队合作能力；生产组织、管理能力；表达沟通能力；创新意识和能力

第三，专业知识能力面与复合体的形成通过知识能力线，可以培养学生从事石油化工专业的基本素质与知识技能，但这些知识技能尚处于一种分散的状态，经常会造成学生学过之后仍然不知道"用在哪、怎样用"，不利于学生知识、能力体系总体观的形成和复合化。因此，将各条专业知识能力线依据石油化工企业的主要岗位设置和岗位对知识能力的要求进行组合，即可形成表 1-5 所示专业知识能力面。显然，知识能力线的相互重合与交叉是不可避免的，这也直接反映出人才所需知识能力的培养必须是复合化的。

表1-5　知识能力线所构成的专业知识能力面

专业知识的能力面	所包含是知识能力线
石油化工生产知识的能力面	石油化学基础知识能力线、石油化工基础知识能力线、工业催化知识能力线、石油加工知识能力线、石油化工生产知识能力线、天然气化工知识能力线、生产控制知识能力线、石油化工仪表知识能力线、石油化工设备知识能力线
工程工艺设计知识的能力面	工程图学知识能力线、石油加工知识能力线、石油化工生产知识能力线、化工过程知识能力线、工程工艺设计知识能力线
产品质量控制知识的能力面	石油化学基础知识能力线、石油化工基础知识能力线、产品质量检验知识能力线
安全环境知识的能力面	石油加工知识能力线、石油化工生产知识能力线、天然气化工知识能力线、石油化工仪表知识能力线、石油化工设备知识能力线、环境保护知识能力线、安全生产知识能力线
研发服务知识的能力面	石油化学基础知识能力线、石油化工基础、工业催化、石油加工、石油化工生产知识能力线、研发服务
可迁移知识的能力面	可迁移能力线

由于可迁移知识能力是职业生涯中除专业知识能力之外的通用知识能力，适用于各种职业和岗位，是伴随人终身的可持续发展能力，因此复合体以其为底；工程工艺设计知识能力是高度综合和要求最高的，因此复合体以其为顶；其他四个面互相交叉，互相支撑，覆盖石油化工企业生产的全流程，可充分满足不同岗位的实际需求。

二、石油化工全周期复合人才培养的主要方式

（一）石油化工全周期复合人才培养的主要阶段

"全周期工程教育"是一种新的教育理念，它将学生的专业培养分为三个阶段，分别是：专业基础培养阶段、实践提升阶段和交叉融合阶段。这三个阶段是一个点—线—面—体的连续性过程培养，以确保学生的专业知识和能力得到全面、系统的培养。

在专业基础培养阶段，学生将在第5学期中集中学习石油化工专业的基础知识点，以便更好地掌握基本概念和理论。这个阶段的目标是使学生形成

专业基础知识能力线。学生将深入学习化工和石油生产行业的相关知识、基础理论和技术方法，为后续的学习打下扎实的基础。

实践提升阶段由第6、7学期构成，这个阶段的目标是通过多个实训环节来推动各知识能力线的融合，从而构建石油化工生产知识能力面和质量检测知识能力面。这个阶段注重学生的实际操作技能的培养，旨在让学生能够独立完成一些基本的化工实验和工程设计，突出高度的实践性。这个阶段的学习内容包括有机合成、化工反应工程、工艺流程和化学工程等，以培养学生的实践能力和思维能力。

交叉融合阶段由第7、8学期构成，这个阶段的目标是通过多种实践形式配合辅助知识能力线，使工程工艺知识能力面、安全环境知识能力面、研发服务知识能力面全面形成，最终与第二阶段构建的两个知识能力面融合，形成知识能力复合体，实现完整石油化工工程人才的复合培养。这个阶段的学习内容包括安全环保、化工原理、仪器分析、工程材料等。在这个阶段，学生将接触到更广泛的知识领域，并且能够把专业知识与非专业知识进行融合。

全周期工程教育使得学生可以在整个学习过程中保持连续性和系统性。由于专业知识的学习是阶段性的，学生在每个阶段都能取得一定的进步，并且能够为后续的学习打下良好的基础。通过实践，学生能够逐步将各个知识能力线融合，形成复合能力，从而成为一名完整的石油化工工程师。这种教育模式为行业培养了更优秀的人才，为化工行业的未来发展提供了坚实的支持。

（二）石油化工全周期复合人才培养的措施

为了更好地培养复合型工程人才，石油化工专业需要通过多种举措强化教学内容的应用性。

首先，必须根据石油化工企业岗位需求的知识和能力点，制定教学大纲，优化教学内容，降低理论性，突出与实际生产应用的结合。同时，要删除陈旧过时的教学内容，引入石化工业的新知识、新技术和新工艺。为了提高教学质量，还需完全依据石化产品国家质量标准设置专业实验项目等。

其次，在实践教学方式和方法方面，需要不断变革。原来的单纯企业实习已经不能满足复合型工程人才培养的需要，因此必须创新实习模式。校内—企业—校内三段式的实习模式是一种不错的选择。同时，也需要与企业合作编写针对性实习教材、开发实习教学用影音多媒体课件，并建立实习专用网站，使学生在实习各阶段的课余时间均可自主学习相关内容。建设专门的实验室并使软件与硬件相结合，以提高实习效果。

最后，开启全面的校企合作培养机制是非常重要的。通过在培养方案制定、教学大纲和课程内容选择过程中提高企业的参与度，并且让教师深入企业生产一线进行实践培训、让企业工程师进入教学一线举办讲座，并参与课程设计和毕业设计过程等举措，使企业能够参与到复合型工程人才培养的各个阶段，使教学更加贴近生产一线。这种合作能够提高教育质量，同时也能够为企业带来更具竞争力的人才资源。

第四节　石油化工专业"岗位技能递进"人才培养模式

"岗位技能递进"是一种人才培养模式，旨在通过正确的教育方针来实现人才培养目标。该模式的核心概念是将专业教育与实际生产岗位相结合。它强调知识和技术的相互结合，注重教育与生产过程的融合，同时也强调生产企业和高职院校之间的合作，强调对象的结合。

为了实施"岗位技能递进"人才培养模式，学院和企业之间需要建立多层次、全方位的合作基础。学院和企业需要不断调整和优化专业建设、课程体系、师资建设、实训条件等方面，并充分利用企业的实训资源优势。

"岗位技能递进"模式将传统的以课堂教学为主的教育与获取实际经验

的校外工作有机结合。它贯穿于学生的培养过程中，使学生在实践中获得技能的逐步提升和发展。这种模式为学生提供了更贴近实际工作需求的培养机会，帮助他们更好地适应职场并提高就业竞争力。

一、"岗位技能递进"人才培养模式的特征

（一）理论学习与实践技能相结合

石油化工生产技术专业的培养目标是培养适应我国社会主义现代化建设需要的专业人才。

首先，培养全面发展的专业人才，包括德、智、体、美各个方面。这些人才应具备诚信品质、敬业精神和责任意识，同时也应具备职业道德和实践能力。

其次，专业人才需要掌握石油化工生产方面的基础知识和专业理论。他们应该成为高素质高级技能型专门人才，能够在石化生产、管理和服务等领域从事生产操作、技术应用和班组管理等工作。

为了培养上述能力，学生需要通过在真实工作环境下的反复训练来提高。这意味着在企业的真实工作环境中进行学习与训练是唯一有效的途径。因此，教学内容应与石化企业生产的特点有效对接，同时也需要改变传统的教学组织形式，采用分组教学、灵活授课和弹性教学等方法。

实地教学对于培养专业人才来说至关重要。可以选择典型工程项目进行现场教学，让学生亲身参与和实践。对于没有现场教学条件的情况，可以利用"教学做"一体化专业教室进行教学，让学生进行实际操作活动，并由教师进行操作性示范。

此外，还需要积极引导学生提升职业素养，使他们明确知识点，掌握专业技能。在生产实习和顶岗实习的组织安排上，需要适应石化企业工作的特殊性，采用倒班顶岗分阶段实习，并由企业和学校共同进行考核评价实习表现。

（二）课堂教学与车间生产结合

石油化工生产技术专业的关键点突出了实践导向，并通过实际项目和真实工作环境的教学方法培养学生的实践能力、技术技能和职业素养。该专业注重学生的实际操作能力，并将实践课程占总学时的 50%，以确保学生能够真正应用所学知识。

在教学过程中，企业兼职教师提供最新的车间技术、方法和工艺资料，使教学内容与实际工作紧密结合。学习过程采用任务驱动、项目导向、案例分析、现场教学、小组讨论、仿真操作等多种方式进行，以模拟真实工作环境和情景，提高学生的实践能力。

可设置"教学做"一体化教室，在校内让学生实践应用燃料油生产工的相关理论，同时在校企共建的实训基地和企业生产车间中进行实训教学，使学生能够直接接触真实的工作环境。

为了帮助学生掌握实际技能，可聘请具有丰富实践经验的生产一线工程技术人员指导学生进行基本技能训练。学生需要掌握装置开停车、巡回检查、资料录取、填写生产报表、维护管理以及动态分析等技能，以提高他们的实践能力。

此外，学生在专业学习期间还有机会考取高级燃料油生产工职业资格证书，提升自身的职业素质和竞争力。除了技术技能的培养，该专业也注重学生的综合素质教育。强调学生的铁人精神教育，培养他们的人际交往能力和工作责任感，以适应石油化工行业的要求。

（三）技能培养与素质教育相结合

石油化工生产技术专业毕业生主要就业于石化生产一线，他们在操作、调试、运行和维护生产设备方面发挥着重要作用。就业岗位涵盖了泵压缩机现场操作、中控室操作、油品分析和班长等职位。

为了确保学生具备实际操作能力，实训过程必须紧密贴近职业实际，真实还原专业训练和职业环境，与实际岗位操作完全一致。为此，校企共建的实训基地设立了班长和安全员等岗位，主要集中在汽提塔生产装置上，以模拟企业设备检修场景。

学生通过实地勘察和检查作业环境，学习塔的内部构造、部件位置、流体流动和塔盘安装等知识。在实践中，他们掌握了换热器类型、换热方法、精馏塔结构和流程、流体输送设备性能与操作、常见故障处理、温度、压力和液位的调节与控制等技能。

此外，学生还需要严格遵守安全生产规定，如工艺规程、安全技术规程、检修安全规程、岗位操作法和安全动火规定等。他们必须按照企业要求管理着装、环境、卫生、安全和考勤等方面，培养良好的工作作风和职业素质。

培养学生的敬业奉献、吃苦耐劳、诚信笃实、团结协作的品质，是为了满足石化企业的需求。这些品质对于石油化工生产技术专业毕业生来说至关重要，他们需要展现出对工作的热情和奉献精神，愿意承受压力和困难，并与团队紧密合作，为企业的发展做出贡献。

二、"岗位技能递进"人才培养模式实践

首先，人才培养模式改革和课程建设是提高石油化工生产技术专业教学质量的关键。通过召开专业建设指导委员会会议，邀请企业人士和行业专家参与调研和分析，可以确定该专业的主要岗位和工作任务。将这些工作任务转化为学习领域，构建相关课程，如《燃料油生产技术》《有机化工生产技术》和《典型化工操作技能训练》等。此外，完善公共基础课程和拓展课程，以满足石油化工职业能力和职业素质要求。重要的是构建与"岗位技能递进"人才培养模式对应的课程体系。

其次，师资队伍建设对于石油化工生产技术专业的教学质量和培养效果至关重要。通过校企合作，建设石油化工生产技术专业教学团队，并按照国家级教学团队标准进行建设。为教师提供挂职锻炼、科研开发、技术服务等培训形式，落实相关管理办法和资源库建设方案。培养专业带头人和骨干教

师，通过国内外先进教学理念培训等途径提高教师素质。

最后，教学实验实训条件的建设是培养石油化工生产技术专业人才的必要条件。根据能力要求，建设专业基础实训、专项技能实训、专业综合实训和顶岗实习四个层次的实训条件。优先建设与专业核心课程内容相关的实训室和实训基地，同时满足科技、生产和技术培训的需求。新建和扩建多个实训室，如苯乙烯仿真工厂、煤化工实训室、化工仿真实训室等。同时，按照企业车间布局和现场生产管理的原则设计实训室，以满足培训教学和国家职业技能鉴定的要求。

第二章　实践教学理论研究

第一节　实践教学及其基础理论

一、实践教学的主要特征

实践教学，是巩固理论知识，加深理论认识的有效途径，是培养具有创新意识的高素质工程技术人员的重要环节，是理论联系实际、培养学生掌握科学方法和提高动手能力的重要平台。

伴随经济和社会的发展，实践教学体系也在变化，在不断变化过程中实现自我完善。实践教学的完善就要既保证符合社会和科学发展的要求，同时兼顾职业学院的师资条件、学生能力和人才培养目标，因此制定科学合理的实践教学体系，为高职人才培养的目标实现提供了有力的保障。一般而言，科学合理的实践教学体系需要具备以下方面的特征。

（一）教学目标的确定性特征

实践教学是职业教育突出能力、教学特色的重要途径，其教学目标十分确定。实践教学的教学目标主要包括两方面：一个是总体目标，就是提高学生的职业素养，以及适应岗位要求的综合能力，总体目标也因各专业的要求不同，具有更加明确的具体目标；另一个是阶段目标，就是实践教学的过程包括几个阶段，分别是基础学习、专业学习、实训实习。不同的教学阶段也需要制定不同的教学阶段性目标，但是无论哪一阶段的目标都以教学总目标为基础，同时阶段目标更加详细和具体，也是实践教学的初衷和目标。

第一，整体性特征。高职院校实施实践教学，突破了以往依赖理论教学的弊端，增强了实践教学在教学计划中的比例。紧紧围绕培养职业能力的目标，通过完善实践教学内容，缩减实验的数量，提高创意性、综合性实验的比例，从而形成兼具实践技能和操作技能、专业应用知识和专业技能、综合实践能力和综合技能的实践教学体系。高职院校的实践教学体系需要立足于基础知识、职业技能、素质结构等方面，按照基本技能、专业能力、专业技术应用能力等逐层递进的结构，分阶段渐进实施的统一整体，从而更好地培养学生具备专业技术应用能力、创新能力，以及发现问题、解决问题的能力。

第二，贯穿性与阶段深化特征。培养高素质的应用型人才，需要各种实践教学的支撑，在整个教育过程中逐一实施。培养学生的每一项专业技术应用能力的目标也不是一日之功，尤其是对实践性要求较高的技能培养更是需要连续不断的训练，相应实践教学体系更要呈现出阶段性和层次性的特点，凸显出从感性认知到理性应用的渐性变化。只有符合这样要求的实践教学体系，才能对培养学生的职业素养起到一定的指导作用，打造能够胜任岗位要求的应用型人才。

第三，双主体性特征。双主体性的特征主要是指在开展实践教学的过程中，主体不仅局限于学校，还应该包括行业和企业。行业和企业不仅能够为学校实践教学提供相应的实训基地，而且要参与教学计划的制订、专业的设置，以及整个实践教学的实施过程。例如，学生在工厂中参与实习，其直接的指导教师并不是学校的理论教师，而是工厂中的技术人员。

第四，工学交替特征。高职院校的实践教学实施过程也是工学交替的教学模式践行的过程，在制定实践教学体系的过程中，需要充分考虑校内外的结合、课堂和实训的结合。工学交替的教学模式，不仅是实践教学实施的必然方式，而且是对实践教学内容梳理整合的过程，促进学生在理论知识、技能水平和职业素养等方面的协调发展。所以，在社会和教育的共同要求下，建立校企合作的高职实践教学体系，是实现职业教育的最佳选择和有效途径。企业为学生的实践学习提供设备齐全的实习场所，并且随着企业的发展，学生在企业实习的过程中，除了得到技能的训练和提高，还能受到企业文化的熏陶，提升其职业素养和职业道德。

（二）教学内容的动态性特征

实践教学和理论教学的传授内容有着明显的不同，理论教学传授的重点是积累的人类历史知识，以及沉淀的历史经验，但是实践教学传授的侧重点则是生产流程、岗位技能等应用型知识。实践教学的教学内容紧紧围绕企业生产，伴随科技和经济的发展，企业的生产工艺在不断改进，生产技术在不断升级，实践教学的内容也在不断更新和完善，所以说实践教学的教学内容随着生产技术的改变而不断变化。

（三）教学方法的灵活性特征

教学方法就是教师向学生传授知识和技能时所用的方式。以往教师采用的教学方法多为教师讲学生听的教学方法，随着职业教育改革的深入，传统的教学方法已经难以满足职业教学的需求，而是需要向教师指导、学生体验，以及教师和学生互助合作的方式发展。加上实践教学目标的明确性、内容的动态性等特征，决定了实践教学的教学方法的灵活性和多样性。当前，在职业教育中采用较多的实践教学方法有行为导向法、项目法、案例分析法、小组讨论法等。

（四）实训基地的开放性特征

职业学院顺利开展实践教学需要具备基本的实训基地，而实训基地不同于普通院校的实验室。职业学院的教育目标为培养具有职业操作能力的应用型人才，这就需要设备完善、真实的实训环境。而实训基地的真实性和完备性，就决定了实训基地的开放性。实训基地的开放性也主要表现在两方面：

一个是职业院校的校内实训基地对学生开放。由于学生的理解能力存在差距，再加上实践教学要求延长实训时间，所以校内实训基地的开放时间也要相对延长，学生能够有充足的时间，根据自身的需求进入实训基地训练，从而更好地完成教学任务，提高相应的操作技能。还有就是企业车间对学校开放。因为设备完善、条件优良的实训基地需要大量的资金投入，而由于资金的限制，职业院校往往无法独立完成实训基地的建设，所以，职业院校可以与企业合作，以企业的生产车间为实训平台，建成校外实训基地，保证实践教学正常开展。

（五）师资团队的"双师性"特征

实践教学的独特性决定了对实践教学教师的要求相应提高，需要实践教学教师符合"双师性"的要求。"双师型"教师除了要具备一定的理论知识，还要兼具熟练的操作技能，其也是保证实践教学顺利实施的关键要素。在教学实施过程中，实践教学教师要熟练掌握担任的学科理论知识，并能够采用合理的教学方式向学生传授理论知识。另外，实践教学教师还要具备与该学科相对应的操作技能，通过边给学生进行现场操作演示，边向学生简介其中的理论知识，从而加深学生对理论知识的理解和印象，提升学生的综合素质。因此，这就要求实践教学教师要向"双师型"教师方向发展，为实践教学的顺利实施提供有力保障。

二、实践教学的基础理论

（一）迁移理论

奥苏贝尔的有意义的语言学习理论认为，有意义的学习主要以原有认知结构为基础和前提，每一种学习过程都会受到其他认知结构的影响，大部分有意义的学习必须要注重知识的迁移，每一个知识的吸收都以现有的认知结构为媒介，通过这种知识的经验来充分地发挥相关的特征以及作用，进而更好地促进新知识的学习以及吸收，互联网时代的到来以及信息时代所导致的信息与社会知识暴增，迫切要求对教育的目标进行优化，将其定位于如何提升学习者的学习能力。

利用迁移，可以让新知识与旧知识在知识结构上实现统一，使新的知识构建在已有知识的基础之上，方便学生们理解和掌握。所以，学生们为迁移而进行学习，教师们为迁移而进行教学，已经成为学界的共识。高等职业教育作为高等教育的重要部门，很多基础性课程对于高职教育具有十分重要的作用，例如，在石油化工类专业教学中，需要学习高等数学之中所提出的各种学习方法以及知识构建，在学习高等数学时，其传授给学生的不仅是那些关于数学的基本理论知识，更重要的是它能够培养学生的数学思维能力，其中主要包括空间想象能力、计算能力、逻辑思维能力以及分析解决问题的能力、创造性思维的能力等。因为高职院校的学生生源的基础普遍较低，教师怎样运用科学的教学方法，在有限的时间内使学生们掌握高等数学的基础知识，使其具备各种能力，以便于更好地进行知识的迁移就显得十分重要。在本节中，将重点对迁移理论进行论述，从中找出迁移理论对于石油化工类专业教学的价值，并借助概念图来构建"知识点结构图"的方法，从而实现有效的迁移，对于高职石油化工类专业教学具有十分重要的指导意义。

关于迁移理论的发展是一个不断完善的过程，不同阶段的迁移理论存在一定的差别，这些差别主要是形式上的，而非本质上的差别，这些理论只是关注了迁移的一个方面，应当说并不十分全面。其中，共同要素主要侧重于对相关理论要素之间的分析，了解不同要素之间的共同性。另外，该理论也提出学习的迁移主要由两种不同的环境以及要素所组成，迁移理论关注主体个人的知识经验，并强调个人的概括能力会直接影响学习迁移的实际效果；关系转换说注重主体所能察觉事物的能力，认为主体察觉事物的能力越强，知识的迁移能力就越强，因此在学习的过程中必须要注重对知识的掌握以及迁移。

随着认知心理学的不断发展，关于学习迁移的研究也逐渐向知识学习方面靠拢，认知心理学更加关注认知结构对于学习迁移的重要作用。美国著名心理学家布鲁纳与奥苏贝尔都是该方面研究的专家，同时，迁移现象主要分为特殊现象以及一般现象，特殊现象侧重于对具体知识的运用以及知识的有效迁移，还包括许多与原理以及态度相关的迁移模式，这就说明强调学习的关键问题是在头脑中建立科学的认知结构，对于知识学习的理解与建构是建立在原有知识经验基础之上的，所以教师应当将其所教授的知识按照最佳的顺序呈献给学生，以帮助学生们构建起最科学的知识结构，对本学科的基本概念和基本原理进行掌握，从而更好地帮助学生进行学习迁移。

奥苏贝尔在现代迁移理论中，注重对于学生的认知结构与迁移的关系的研究，强调认知结构变量对于迁移具有十分重要的意义。事实上，现有理论在适用范围与条件上都有一定的局限性，它们都只能够解释某一特定范围内的学习迁移现象，例如，认知结构迁移理论适用于解释陈述性知识的迁移，产生式迁移理论仅适用于解释程序性知识的迁移，元认知迁移理论能够解释策略性知识的迁移。目前国内的研究者也将迁移理论与高职实践教学进行了分析，并主张在高职实践教学的过程之中，大部分的教师能够通过教育心理学的运用以及迁移规律的分析来了解实际情境教学的相关要求。

通过对比分析传统迁移理论与现代迁移理论，人们站在心理学的角度对机制的形成进行有效的分析，另外还针对其他因素以及相关条件进行了概述，以此来真正地提高学生的迁移能力。但是大多是体现在日常生活之中的迁移现象，其中主要包括与技艺相关的各种迁移模式。国内学者则主要侧重于站在宏观的角度对于教学过程中的新理论进行研究，主要是从两个方面进行论述：首先，对心理学的学习迁移规律进行了沿袭，这种做法在教学实践中缺少与高职石油化工类教学的有机结合，容易出现侧重于知识的教学而忽视了学生在迁移活动学习能力的培养；其次，从石油化工类专业的学科特点出发，在开展迁移教学过程中重视对于教材内容的设置，但是在教学实践中缺少对于培养学生迁移能力的把握，使迁移教学异化为经验型教学。无论是心理学专业角度，抑或是国内研究者对迁移在教学中的论述，都对实践教学的开展具有十分重要的意义。

另外，学习是一个十分漫长而又艰辛的过程，同时该过程具有一定的连贯性，学习者必须要结合已有的知识经验，通过知识框架的构建来形成良好的学习价值观，从而积极地影响学习的实际效果。另外新知识的学习过程也会反过来影响学习者对原来所学知识的理解，重组其认知结构，丰富原有的知识结构，强化原有的知识技能，这种新知识与旧知识之间相互影响的过程被称为学习的迁移。如果站在更微观的角度进行分析，可以看出不同学习方法以及学习内容之间的影响，这一点被称为学习迁移与学生相关的各种理论，其不仅与动作技能相关，还与思维方法有着一定的联系。

在学校的教育实践中，迁移主要与一个人的认知理论有着重要的联系，同时侧重于对自动化基本技能以及陈述性知识的分析认知策略，也会受到迁移学习的影响。如果根据迁移的效果方法进行划分，可以将其划分为负迁移以及正迁移。正迁移主要是指知识迁移过程之中的积极影响，负迁移则主要是指知识学习过程之中的负面影响。例如，在高职石油化工类专业的基础课程高等数学中，通过对二元函数的分析来有效地了解多元函数，同时可以站在平面的基础之上对不同学习空间轨迹的方法进行研究，负迁移不仅影响了个人学习效果的提升，而且难以真正地提高个人的综合学习能力。

例如，在学生学习高等数学中的无穷大量与无穷小量时会习惯性地将其当作很大或者很小的数，但是这种认识存在一定的偏差，这是由之前个体所学的其他方面的知识带来的负面影响。结合迁移的实际方向可以将学习迁移分为逆向迁移以及顺向迁移。其中顺向迁移主要是指根据先前已有的经验来对现有的新知识进行有效的影响，如在教学过程之中，通过对《乘法口诀表》的背诵来了解多位数的乘法，逆迁移主要是指新知识学习对原有知识学习的影响，对于知识的理解和把握不到位以及不全面的地方，可以进行有效的修正，使得原来所学的知识更加稳定。

关于迁移理论的研究具有较长的历史，不管是国外还是国内，不管是早期的学习理论经验还是后期的理论学习结果都与其理论的应用以及相关研究有着一定的联系。另外，结合学习理论体系而言，迁移理论在整个理论体系构建的过程中发挥着重要的作用以及价值，每一个新知识的学习就会伴随着新的迁移理论的出现。因为历史上曾经出现过多种学习理论，同时出现了许多与学习迁移理论相关的各种学习理论。迁移理论主要侧重于形式训练说，另外还包括关系转化说、概括说、相同要素说以及定时说。形式训练主要侧重于对形式训练整个过程的分析，在该过程之中会产生一定的先验性，亦会对每一个迁移创建以及心智的成熟产生较为明显的影响，其中还包括个人的注意力、记忆能力、推理能力与想象能力等各个方面的能力。

（二）教学做合一理论

世界上所有的事物都处于不断发展变化之中，对于一种教育思想而言亦是如此，思想的发展不仅能够促进教学模式的革新，还能够结合已有的思想认知前提促进知识结构的完善。教学做合一理论并非在一朝一夕之间形成的。在 20 世纪上半段，教学做合一理论从萌芽走向了成熟，成为影响了几代人的教育思想。教学做合一理论经历了较为漫长的发展历程，其中主要包括不同的阶段，如探索阶段、明朗阶段、成熟阶段。

陶行知的教学做合一理论对促进我国教学水平的提升作出了巨大的贡献。陶行知在美国受到了当时非常著名的教育学家杜威的影响，这成为陶行知先生教学做合一理论的思想来源。杜威的实用主义强调"从做中学"，这成为教学做合一理论的直接思想来源，这种观点是陶行知先生所不能接受的，所以在后来创立教学做合一理论的时候，陶行知先生创造性地改良了杜威的从做中学的理论。1917 年陶行知先生从美国留学归来，当时全世界都十分推崇赫尔巴特的传统教育理念，国内教育界占重要地位的是复古的教育思想，在这种历史背景下，陶行知强调必须对教育进行改革。在众多的改革方案中，教学合一的提法给了陶行知巨大的启发，针对学校的教师只负责根据教材照本宣科，仅仅注重于知识的简单吸收而不注重个人主动性的发挥，主张教与学必须有机联系起来。随着我国教学水平的不断提升，学术界的不同学者从各自的角度对实践生活与教学发展之间的相关性进行了深入的研究，有必要将"做"与"学"联系起来，由此形成了"教学做合一"的理论雏形。

1925 年，陶行知在与时任南开大学校长张伯苓先生的交流中受到启发，对"教学做合一"的提法做了进一步的优化，称之为"教学做合一"。从此以后，该理论经过不断加工和完善，在 1927 年成为正式的"教学做合一"理论。

1. 教学做合一理论的思想内涵

按照陶行知先生自己所做的解释，教学做合一主要包括两层含义：一是方法；二是生活说明。关于方法方面，教学做合一理论主张教学方法应当契合学习的方法，学习的方法应当契合实践的方法，否则就难以真正实现知识的有效利用以及转化；教学方法、学习方法、实践方法应当是一个系统的整体；同时，在学习的过程之中，必须要将理论知识与实践知识相结合，了解知识的精髓，无论是教学方法还是学习方法，都应当以如何实践为中心，在实践基础上进行教学的是教师，在实践的基础之上进行知识的学习以及语音转化。由此可见，学生与教师必须要注重互动以及交流，实践就是教学；从学生对于教师的关系来看，实践就是学习。从上述论述中能够看出，陶行知是非常重视实践的核心作用的，为此他还单独对"做"这一实践活动进行了解释，即在学习的过程之中，必须要注重新方法以及新思路的寻求，通过积极的方面已经创造了更好地掌握知识的精髓。由此能够看出"做"这一实践活动的重要意义，"做"既是学习的中心，也是学生在做中学，同时又是教的中心，也是教师在做的基础上教学，"做"是联结教与学的重要纽带。尽管陶行知先生十分注重从实际生活的角度审视学习和教育，但是这并不代表其不重视系统知识的学习，而是通过教学做合一思想探索出了理论与实践相结合的契合点，对教育与实践的关系做出了科学的处理。

需要注意的是，在理解的过程之中，应当将对教学做合一思想的理解从方法论的窠臼中跳出来，将其置于更加广阔的社会生活中，从而更好地实现教学做合一思想的应有价值。当然，如果可以在实际生活中对这一思想进行更好地运用，那么在教育教学实践的改革过程中，也必将会更好地挖掘其教育价值，为实现教育更好的发展做出更大的贡献。

2.教学做合一理论的思想特征

陶行知先生注重在日常的教育教学实践过程中，能够做到知行合一、学思结合、通过潜移默化的教育改变旧思想、旧道德对师生观念的束缚，尽最大可能消除封建思想教育的不合理之处，使教育遵循自然发展的规律。具体来看，教学做合一理论主要有以下方面的思想特征：

（1）主体性特征。在传统教育思想的影响下，学生们往往不能灵活进行学习、读书，在学堂的学习仅仅是听教书先生按照书本的内容照本宣科，在这种教学模式下，学生们的主体性作用根本无法体现。在传统教育模式中，学生的作用仅仅是"先生"照本宣科的对象，学生没有办法自主地选择自己喜欢的学习课程、教学内容，不能够自主地掌控学习的进度，对于教师传授的知识机械、被动式地接受，只能与教材内容及教师教学方式相配合。陶行知先生正是观察到传统教育中这种不合理的现象，才提出了"教学做合一"的主张，希望新的教育模式能够充分尊重学生们的主体地位，重视培养学生们的自主探索与创造精神。学生们唯有获得了主体地位，才会产生主人翁意识，才会进一步明确自己学习的目的，为实现自身全面的发展做出努力。

教学做合一思想在对实践教学活动中学生主体地位进行充分肯定的同时，也进一步明确了教师同教材的关系，纠正了从前教育中存在的"教师围着教材转"的局面，使得教师也具备了自主独立的意识，因此得以不再受限于教材的教学内容，由此对于教材获得的主动权更多。

（2）实践性特征。在教学做合一的思想理论体系中，"做"的重要性是不可言喻的，这是陶行知先生思想理论体系与教育实践中非常关注的一个方面。"做"可解释为实践与行动，陶行知提出必须在实践中教学，实践应该是前提条件、基础条件，通过实践对事物表象形成认知，并通过不断的归纳总结其内在的特质，进而形成正确的思想认识，由此来升华感性认知，使其成为理性层。陶行知主张，对于活的人，必须用活的人来实施教育；活的学生必须用活的东西进行教育；活的小孩必须用活的书籍去教活，总而言之，即为"活的教育"。其实质在于，让学校教育教学和社会实际生活密切联系在一起，对于实践的学习、教育等必须要予以重视，教师和学生不能只局限于课本中的内容，应当将学习的视野放宽，将自己在日常生活中遇到的问题作为学习的内容。在对"实践检验真理"这一观点进行肯定的同时，陶行知并未否定知识在学习中的重要性，他始终强调书本上所体现的教学内容对于学生们系统地掌握相关知识意义重大。所以，当我们在审视教学做合一这一理论时，应当对其实践性进行辩证的理解，它的目的并非将全部的教育活动都置于实际经验中，也并不是完全忽视课堂教学的重要性，而是让人们最大限度地理解实践对于学习的重要性，并积极主动地在教学过程中将所学知识与实践联系起来，服务于课堂教学内容，更好地启发学生们灵活运用所学的知识，提高学习的效率。

（3）创新性特征。创新是一个概念性过程，具备新描述、新发明及新思维三大特征，其含义体现在三个方面：更新；新事物的创造；改变。着眼于本质层，创新就是新的创造，在教学做合一思想理论中，其创造性具体体现在以下方面：

第一，从这一思想的名称变化来看，从最开始的"从做中学"，发展至后来成为"教学合一""学做合一""教学做合一"，这些称谓的变化本身体现的就是这一教育思想不断更新和完善的过程。

第二，突破了过去所沿用的教学模式，即"学在书本，教在课堂"，将实践这一因素引入教学实践活动中，为教师开展教学、为学生进行学习创造了更加有利的条件,提供了新的方法,从整体上推动了教师、学生、教学内容、教学方法等不断向前发展。所以,从这一方面来看,教学做合一思想的实践性为教育的创新提供了丰富的灵感。

第三,创造性地改变了传统教育模式下师道权威的关系,将学生从学习客体的位置上解放出来,成为学习过程中的主体,将教师从课本的桎梏中解放出来,拥有了更大的教学自主选择权。因此,教学做合一的创新性实质上是对教师、学生的一种正面鼓励,由此无论是教师还是学生都积极主动地去创新、去突破,积极去探索未知事物,在有效的质疑、发问、交流、探究的过程中实现共同的进步。

3.教学做合一理论的应用意义

(1)有利于深化指导石油化工类专业教学实践。从古至今,一切先进、科学的教学理论都只有在具体的教学实践中才能发挥其作用,检验其是否与教学实践的规律相符合,是否能够有效推动教学实践的发展。在传统的高职石油化工类专业教学过程中,教师们往往注重对于学生们理论知识的讲授,忽视了教师讲课与学生学习之间的有效互动,未能有效发挥理论与实践相互联系的重要作用,使得石油化工类专业课堂的效率不高,存在过度偏重灌输理论知识而忽略实践运用的问题。重视教师主导、轻视学生主体地位,学与做相脱节的不利局面。在新的历史环境下,高职院校以培养社会需要的实践性人才为主要目标,这对高职院校的教学提出了更高的要求。教学做合一教学思想契合了新形势下高职院校教学任务的要求,对高职石油化工类专业课堂教学实践中存在的各类问题进行了全面的阐述。其中,"做"很好地体现了教学实践,只有将重心放置于"做",才可真正连接起"教与学",实现三者之间的有效循环,将理论与实践联系起来,做到知行合一。教学做合一的教学思想与新的历史条件下的教学理念相契合,其站在实践的高度对高职石油化工类专业课堂教学中存在的各种问题进行全面的审视,对于提升高职石油化工类专业教学质量具有非常重要的指导意义。

（2）有利于石油化工类专业教师角色向引导型转变。在中国传统的思想教育体系中，尊师重道、学必有师等思想占据主流地位，在一切教学活动中，教学是核心，将其视作不可代替的，对其授业权威性过度偏重，教师的地位是不可动摇、至高无上的，直到今天这种思想依旧在某种程度上发挥着作用。在当下，对于教师素质也有了不同的要求，因此一定要赋予其鲜明的时代特色，将全新的教育理念这一新鲜血液注入其中，促使高职石油化工类专业教师积极转变自身的角色定位，引导其接受学生学习指导者的角色定位，且形成终身教育、素质教育这一理念。

在过去所沿用的教学理论对此问题并没有直接面对，虽然部分教育思想对此问题的存在已有一定的认知，但其探索、研究活动都并未进一步深入对其本质、价值内涵等进行探索、揭示。陶行知这一理念反映出，对于高职石油化工类专业教师而言，"教"是要从学生"学"及其实际认知等着手，以学习决定教学，而不仅仅受限于知识理论的单向传授与灌输。对教师怎样教学、教学的依据、教哪些内容等做出了明确精准的阐述，使得关于教师角色定位模糊的问题得以解决，实现角色的有效转变。

（3）有利于促进学生全面发展。对新教学模式而言，学生才是教学活动的主角，且在发展过程中是一个独立存在的个体，为此需予以其主体地位充分尊重。但是在传统的教学模式之中，受教育者面前的教育者角色定位是专家，他们负责传授正确的知识给学生，在此期间学生对知识是被动接受的，教学活动的参与不具有积极主动性，亦不能够明确其学习目的、教学工具等存在的联系，未能够很好地结合"学会学习""个性发展"，对学习期间遭遇的难题亦无法共同去探索解决方案。基于被动学习这一状态，受教育者不能够对其价值积极正视、主体观念不端，未将主体理念树立起来，导致最终的教学成效并不理想，学生必须将学习视作自己的兴趣所在，基于此将足够的关注、精力投入其中，展开更为深入的研究分析，且积极思考学习。无论是哪种先进的教学方式，仅在内化教学内容，使其被学生充分掌握，并且联结脑海中储存的知识，对其加以转化形成自己的内在力量，则"学以致用、学有所用"方可得以践行。让学生树立起主体理念，主动地去学习已经成为当前教学获得成功的重要因素，对于教学活动开展期间学生主体地位，教学做合一这一理念予以充分肯定，其目的在于将学生对学习积极自主性的忽视、忽略学生实际需求的境况彻底扭转。从字面中理解，陶行知此理念充分肯定了学生的地位并予以尊重，所以在新的历史条件下，在"尊重学生主体地位"的教学实践进程中，此理念在未来发挥的支撑作用将会更为凸显。

（三）建构主义理论

1.建构主义理论的历史沿革

建构主义最早起源于欧美国家，是学习理论体系中，继行为主义之后的又一突破。伴随学者对学习规律的关注不断提高，建构主义也逐渐走入各位学者的关注范围，并对其进行深入的研究和分析，形成了建构主义学习理论。建构主义学习理论的出现，打破了传统客观主义学习观念的局限，放弃了学习过程为知识复制和传输的思想，而是转入对学习本质的理解，更加注重个体获取知识的心理体验，建构主义学习理论体现了学习的社会性特点。

从心理学角度分析，杜威、皮亚杰、维果茨基是最早通过建构主义思想，来对学习理论进行研究的，并且在课堂教学和儿童学习中进行广泛应用。杜威侧重于经验性学习理论，着重指出经验的产生和改变，其在《民主主义与教育》一书中明确指出：经验包括两部分，一部分是主动元素，另一部分是被动元素，并且两种元素通过特有的方式进行结合。主动元素最直接的表达就是对经验的尝试，而被动元素最直接的表达就是对经验结果的承受。我们通过一些行为作用于事物，而事物就会反作用于我们自身，这是一种特殊的结合。通过主动和被动两方面的结合，能够检测经验的效果和价值。单独的活动是分散的，而且各个元素之间无法形成有效的结合，只能是被动的消耗性的活动，无法构成经验。而处于主动方面的经验，就会包含诸多变化，各种变化与其产生的一系列结果有效结合起来，才会成为经验，否则也被视作毫无意义的变化。

由此可见，杜威提倡的经验学习论中所指的经验，必须是有思维参与的行为活动，如果缺乏思维因素，就不会产生有价值的经验。杜威的经验论是对 19 世纪末学习教育弊端的抨击，也是对传统教学方式教学的一种批判。从杜威的观点来看，经验就是人与环境之间形成相互作用的过程，以及产生的结果，也是人通过主动尝试的行为，得到环境被动反应的结果形成的有机结合，这也是与行为主义学习论主张的以外界刺激为导向的主要区别。

瑞士著名社会心理学家皮亚杰被称为当代建构主义的创立者，皮亚杰主张，人作为认知的主体，在同其周边环境进行交流的过程中形成了对于外部世界的认知，假如没有主体能动性的建构活动，人就无法将自己的认识推向更高的层次。人作为认知的主体，把外部信息纳入现有的认知结构，或者对认知结构进行重组，从而将新的信息吸纳进来，在这一动态发展的矛盾结构中，通过认知结构的不断优化与完善同外界保持平衡，从而使自身的认识得到发展，此即是皮亚杰的认知发展的理论，也被称为活动内化论。

苏联著名社会心理学家维果茨基主张，学习活动的本质是一种社会构建过程，人的学习活动是在特定的社会、历史背景下进行的。与此同时，维果茨基还重点强调了社会交往对于个体心理发展的影响，且主张个体的心理过程结构先是在人的外部活动中形成，然后才可能转移并内化为内部心理过程结构。维果茨基的研究不仅奠定了当代建构主义的思想基础，还从学习的社会性角度出发，进一步强调了知识合作建构这一过程本身即是进一步发展了建构主义。

从理论来源来看，建构主义理论的思想基础是客观主义，是在对客观主义进行否定与扬弃的基础上产生的，其集合了理性主义与经验主义的合理因素。虽然建构主义学者关于学习的理解存在差异，研究的角度也不尽相同，但是他们在对待知识、学习方面的基本认识是大致相同的。

2. 建构主义关于学习的观点

（1）建构主义的知识观。从本质上来看，知识绝非关于现实的单纯的反映，亦非关于客观现实的准确表达，只不过是个体关于现实的一种理解或假设，因此也就不能够通过外力的作用强加给学生，而是要求学生通过内在的力量构建自身完善的内部知识结构。因此，构建主义侧重于发挥个人的主观能动性，结合现有的知识背景来对信息进行有效的加工和处理，进而获得其自身的意义的过程。在课本中记载的相关知识，仅仅是一种与有关现象相接近的、更加可靠的假设，它并不能对全部现实进行解释，知识具有天然的真理性，却并非唯一的标准答案。通过对构建主义学习观的分析可以看出，该观念注重个人主动性的发挥，另外还通过学习以及实践个人获得对主观世界意义的认知，同时能够有效地促进个人知识结构的构建。个人的知识背景以及实践经验存在较大的差距，因此存在不同意义的构建，也就是，因为个体本身存在差异，也就决定了其对于世界的理解各不相同。这种观点与行为主义知识观将知识当作绝对真理的观点是存在本质差别的。所以，只有这些知识在被个体构建的时候，其对于个体才具有意义，将知识当作实现决定了的客观存在教授给学生，让学生积极主动吸收知识，这能够充分发挥教师的权威性，保障学生能够积极涉猎各种不同的信息和知识。

（2）建构主义学习观。在建构主义者看来，学生在进入教室之前已经具备了某些方面的经验与背景，学生们是根据这些经验与背景来理解知识的。从中可以看出学生在整个学习的过程中发挥着重要的作用以及价值，只有学习才能够进行知识结构的构建。同时，学生必须要在学习以及实践中充分发挥自己的主观能动性，这种学生观不仅说明学生在学习过程中的主体地位，同时还直接揭示着学生认知结构建构的关键作用。学生在知识结构构建的过程之中会受到外部环境的影响，通过同化以及相应机制的建立来促进内部认知结构的构建，保障认知结构的重组并充分地发挥该结构的作用。因此，教师在教学实践的过程中要注重学生主体地位的发挥，通过学生原有认知结构来对新知识的理解与把握进行建构，必须充分尊重学生的主体性与个体的差异。

总而言之，对学生学习影响最深的是学生在与生活实践过程中所积累的各种经验以及实践知识。学生需要在已有知识的基础上对现有的知识经验重新进行构建，并积极地建立真实的情景，保证信息能够符合学生的实际生活情景，从而推动学生构建全新的知识结构。与此同时，学习应当是一个系统性的过程，也就是，不能单纯地强调技能训练，而应当在情境、协作、对话与意义构建的环境中促进学生进行主动学习，完成对知识的价值构建。

（3）建构主义对学习环境的设计。建构主义学习观明确强调学生需要在特定的情境中进行知识以及信息的筛选，同时还需要在他人的帮助以及引导之下获得不同的学习资料，积极地促进个人意义的建构以及完善，那么在教学的过程中，也必然会关系到关于学习环境的设计问题。从建构主义者的观点来看，学习环境就是在教学过程中，通过创设一定的情境，使学习者对其原来掌握的知识实施再加工与再创造，从而实现知识构建的过程。由此可见，建构主义不仅能够营造良好的学习环境，还能够为学习者提供更多的支持，保证其能够获得更丰富的学习资源。因此，从这个角度上来看，建构主义学习活动的开展必定会重视对学习环境的设计。

具体而言，学习环境主要包括情境、协作、沟通以及价值构建等四个基本要素。在学习环境的四个基本要素中，情境注重应当对传统教学中的"去情境化"的方式进行批判，其中学习者在学习过程中必须要针对相应的价值进行有效的构建，这一点是学习环境创建的原则以及基础。同时，该情境必须要以学生已有的知识经验为基础，将现有的知识经验与新知识的吸收和学习相结合，促进人际关系的交流，利用社会性的协商实施知识的社会构建，这也是学习者对世界进行认知与理解的一种方式，应当在整个学习过程中有所体现，其中主要包括各种学习资源的优化利用以及配置，通过对资源的分析以及搜集来提出相应的论证，并对最终的研究结果进行分析以及评价，从而保障构建的合理性。需要注意的是，交流是协作这一过程中最为基本的方式或环节，是必不可少的一个环节。

另外，建构的学习过程也即是交流的过程，它主要涵盖了教师与学生之间、学生与学生之间的交流。价值构建指的是学习者通过构建最终想要达到的教学效果，也就是想要达到的教学目标。学习绝对不是知识经验由外到内输入的过程，而是学习者通过主动构建将相关信息转化为自身内在知识的过程。

从关于建构主义基本观点的把握这一认识出发，能够看出人类学习的意义所在，并据此对现有的学习进行反思，归纳出建构主义教学的相关内容，主要三个方面，具体见表2-1。

表2-1　建构主义教学的相关内容

主要内容	具体分析
学习主要以个人的主观能动性为前提，保障个人知识的充分构建。	因此，学习的过程并非仅仅是知识的传授过程，在教学活动过程之中必须要为学习者提供更多的学习资源以及认知工具，通过各个渠道的努力以及资源的运用来为学习者营造良好的学习环境，鼓励学生通过激发其内在的潜能主动进行学习活动。
知识本质上具有社会属性，必然会受到相应的社会文化环境的影响。	所以，学习会受到诸多外部不确定性因素的影响，同时也是社会实践以及沟通的重要产物。学习过程的出现与深入是一定意义上的社会建构，这种特性必然决定了教学应当有助于学习者进行交流，主张在实际的情境中通过建立实践共同体，实现个体与集体之间在思想、经验等方面的交流，以此来促进个人知识的吸收，保障个人能够形成良好的认识以及知识建构，教师需要注重学习情境的营造，保障教学内容设置的合理性，像以问题为基础的教学、以项目为基础的教学、以案例为基础的教学等都是以个体的社会性为特点的教学模式，都是将关于知识的学习同解决实际问题联系起来，可以让学习者通过学习知识具有更加强大的生存能力。
在真正的教学实践中，我们往往会得出这样的结论，解决某一问题的方法或许有很多种，这就会联系到知识问题的劣构。	关于劣构问题，其特点是存在多个问题解决的方法，且具备一定的确定性条件，它的解决方式是以建构主义与情境认知学习理论为基础的。实际上，在解决具有劣构性的教学问题上，因为问题求解活动通常含有某些不可预测的因素，所以关于那些"复杂知识"的解决要求具备系统性的知识，关注知识的多元特性。从这一意义上而言，教学意味着在特定的情境条件下，为了支持学习者具备更加强大的解决问题的能力，创建有利于学习者形成确切的概念特性与问题的特定情境，为学习者提供一种认知工具，激励学习者不断探索劣构知识，建构并通过实践共同体实现价值协商。

学习理论存在差异，对教师与学生在专业教学中的影响也不尽相同，主要分为三种模型。第一种模型——行为理论认为，教师是专业教学中的主体，学习仅仅是一种被动的客体。知识的传递是根据教师的思维与行动自上而下实现的，学习者只能处于一种被动反应的状态，学习过程就像是一个看不见的黑箱。第二种模型——认知理论认为，学生们具有非常强烈的主动性，可以主动与外界进行沟通，因此应当将学生从被动状态中解放出来，引导学生按照自己的特长与爱好，运用已有的知识经验，对全新的知识进行重新架构以及加工和选择，进而产生新的学习机会。第三种模型——行动导向/建构主义学习理论认为，学生在认知的过程之中发挥着重要的作用以及价值，并积极地参与各种学习活动。因此，教学也必须要以学生的真实需求为基础，不能将学生当作被灌输的对象，教师应当及时转变角色，积极地发挥个人的价值以及作用，找准自己的定位，并积极地引导知识的传授，教师需要进行身份的转变，了解学习的重要性以及价值，以此来积极地加强个人的控制以及自我管理。

（四）情境认知学习理论

1.情境认知学习理论的发展过程

在多媒体计算机与网络技术为核心的智能化信息时代不断发展的历史背景下，人类关于脑科学的认知机制研究日益深入，学界关于人类学习的本质，特别是关于建构主义理论的研究逐渐深入，这也催生了有关认知情境学习理论的出现，情境学习理论不仅成为西方学习理论领域的主流研究对象，也是继行为主义之后所提出的重要学习理论。情境认知学习理论侧重于站在心理学的角度对信息加工这一理论进行分析，同时提出了相关的创造性见解。这表明人类对于学习理论的研究逐渐从单一化的视角向社会学、心理学、人类学以及生态学等多元化的视角转变，同时也对"人类是怎样学习的"这一问题予以更加全面、详细的解释。

从国内外关于学习理论的研究过程来看，对于学习理论的研究大概经历了三大主要范式的转变。在 20 世纪初，心理学界占主导地位的学习理论是行为主义"刺激—反应"学习理论。直到 20 世纪 60 年代开始，注重学习者内部认知的心理学关于学习的研究才有了新的突破，从此时开始，行为主义心理学逐渐为认知心理学所替代，认知心理学理论开始成为学习研究的主要方向。但是关于学习理论的研究处于不断的发展之中，在 20 世纪 80 年代末或 90 年代初期，因为受到认知科学、生态心理学、人类学与社会科学等学科的多重影响，同时当时的学习环境还存在许多的不足，因此存在与社会相脱节的现象，难以更好地促进学习者个人综合实力的提升，关于学习的研究逐渐由认知向情境转变。

认知原则注重的是根据概念理解的发展和思维与理解的一般性策略进行观察学习。情境原则侧重于通过情境的营造来提高学习者的参与积极性，保证学习者能够在积极主动的观察以及学习的过程之中获得更多的学习技能，并进行有效的利益构建实质上的情感观点，将行为主义观点与认知主义观念相结合，将其纳入学生的参与行为之中，保证学生能够找准自己的定位，并对自己的身份进行有效的认知。

认知学派与行为主义的观点在某些方面十分相似，都对教学水平的提升有着重要的作用，但是它们在某些方面则表现为直接的对立，观点之间存在排斥倾向。情境认知学习理论则融合了行为主义理论和认知实践理论中的合理因素与核心价值，让学生能够在积极主动地参与过程之中进行情境的营造，同时能够充分地促进认知实践活动的提升，保障框架的有效搭建。在情境理论模式下产生的教育原则可以有效融合行为主义与认知教育原则中的有益要素，使之整合为一个更加合理的模式，确保一种比现有状况更加科学的课程设计、学习环境与教学实践基础。

情境学习的理论体系复杂且丰富，它的基本观点可以概括为以下三个方面。

（1）情境学习理论对于知识的理解有其独特的视角，它认为知识绝非某件事情，也并非心理的某些表征，亦不是事实与规则的集合体，而是个体与社会或物理情境之间相互联系的属性与交互的产物，这一点也从本质上揭示教师是主体建构的基础以及环节，这必须要以情境为基础，还需要注意与其他主体之间的沟通以及交流；其始终是以情境为基础的，并非抽象的；知识是个体在同环境相互交流的过程中构建的，并非由客观决定的，亦不是个体主观臆造的；知识是一种动态的结构，同时与组织过程存在一定的联系。总而言之，情境认知学习理论明确强调知识是指个体在不同环境交流过程之中所构建起来的主题内容框架，通过对学习情境的分析来获得一定的知识学习，是一种情绪性的活动，同时是一个整体性的要素，因此，无法被社会实践所分割。在现实社会之中进行社会实践创造之后可以获得相应的知识和经验，认知学习理论强调学习是个人生活实践过程之中的重要组成部分，仍然只有在具体实践的过程之中才能够获得知识的建构，这种认识将社会实践对于人类知识获得的重要性提升到了一个新的高度。

（2）情境学习理论还借鉴了建构主义与人类学的相关成果，从参与的视角对学习进行研究，认为学习者应当具备一定的学习能力，同时在学习的过程之中主动性比较强，这一点直接揭示了学习与特定活动之间的相关性。另外一个人在社会实践的过程之中会与他人建立一定的社会关系，也就是应当成为一个积极参与的个人。一个成员以及某种类型的人必须要在学习的过程之中发挥个人的价值，人们在现实情境中通过实践活动可以获得知识与相关技能，也被赋予了某一共同体成员的身份，也就是通常所言的"实践共同体"，这一点既强调了学习者个人在实践过程中的重要作用，也明确强调个人在学习的过程中，通过模仿活动来积极地构建个人的认知模式，实践与共同体相互作用相互影响。该概念的提出不仅揭示了情境认知中知识的作用，还明确强调个人必须要注重实践能力的提升，通过对社会单元的构建来积极地发挥个人的作用。

另外，学习是一种客观的结果，可以通过对该结果的分析来提高个人的参与能力。由此可见，学习从本质上来说是一个文化适应的过程，能通过积极地适应来获得共同体的成员身份，并以此来作为参与其他社会活动的基础和前提，可以将学习的意义从作为学习者的个体构建转移到作为社会实践者参与的学习，还实现了从个体认知过程到社会实践的迈进，将学习从被动的获得推向主动参与的获得。

（3）情境认知学习理论主要以个体的变化参与为基础以及核心，个体在合法的边缘性参与的基础上获得了实践共同体的成员身份。关于对合法性参与的理解，可以将这一词语进行拆分，其中"合法"指的是在时间不断向前发展与学习者阅历不断丰富的情况下，学习者必须要充分地利用各种学习资源并积极地参与各种学习活动之中，但是学习者无法全方位地参与其中，仅仅是以部分活动参与者的身份出现。这一点也直接体现了该学习理论的基础以及前提，其中每一个个体都必须要在学习实践的参与过程之中找准自己的定位以及方向，著名人类学家琼·莱夫和艾蒂纳·温格在著作《情境学习：合法的边缘性参与》一书中强调学习者必须要在社会活动之中积极地参与各种实践活动，同时能够在各种活动过程中习得各类知识，然而学习的过程则是从外围开始不断向中心迈进，并逐渐参与实践的过程。

边缘性参与学习侧重于发挥学习者的主观能动性，了解学习者在学习参与过程中所发挥的价值以及作用，另外这一点也与个人的表征关系有着一定的联系，表明初学者可以先通过合法身份进行边际性参与，在参与的过程中对专家的工作进行观察与模仿，或者尝试性地参与来获取学习的经验。所以，合法的边缘参与的学习是初学者获得成员资格的主要方式，也是从初学者向成为专家这一学习过程的关键环节。

2. 情境认知学习理论的学习观点

情境认知学习理论是在建构主义获得进一步发展的基础上诞生的，它可以帮助我们对传统的教学领域进行反思和重新审视，对学习的本质特征进行重新的认识。实际上，情境认知学习理论的提出希望能够对传统行为理论与认知信息加工理论进行有效整合，以弥补后两者存在的不足，情境认知学习理论与传统学习理论存在的差异，具体可见表2-2。

表2-2　情境认知学习理论与传统学习理论的对比

	行为学派	认知学派	情境认知学习理论
学习目的	行为的改变与养成	获得客观、结构化的知识	自主构建有意义的知识
学习过程	被动的外在增强与反映、尝试错误与训练	积极处理与建立知识结构和记忆库	积极、主动地建构有意义的知识
知识论	知识是客观存在的	知识是客观存在的	知识是主观构建产生的
心智论	不能够被观察	可被观察的学习中介	可观察学习的主导
学生与环境的关系	消极被动地接受	积极主动	积极主动并参与互动
影响学习的主要因素	刺激的增强、训练	认知策略、知识基础模型	有意义的社会情境脉络、理解
学习迁移	行为相似性	知识结构相似	情境脉络与结构相似
教学策略	提供练习与反馈	教导与启发	安排有效的情境与引导
教师角色	指导与训练	教导有效认知策略与技能	引导与近侧启发
学生角色	被动吸收知识训练	主动连接与产生结构知识	主动、互动与合作学习
情境角色	得不到重视	存在强调与处理	强调且重视

情境认知学习理论的基本观点与主要特征对于高职实践教学具有非常重要的参考意义。在情境认知学习理论中，可以获得以下方面的启发：

（1）应当积极地引导知识转化为真实的生活情境。我们应该为学生们创造一种在"做中学"，可以及时获得反馈信息并不断提升其个人理解能力的学习氛围。技术实践知识同工作过程知识的情境性，从根本上决定了这些知识的获得有赖于对工作情境进行再现。在这种情境下，所关注的并不是教师应当通过何种方式传递能够被学生理解的信息，而是可以为学习者提供能够对其进行意义构建产生积极影响的环境创设，让学习者在解决结构不良的、真实的问题过程中学会提出问题以及相关假设，且使学习者掌握对相似问题迁移的能力。更加重要的是，在能力特征与教学方法之间具有显著的交互作用，在与自身的能力相适应的教学情境中的学生，他们的表现从整体上要更优于一些不处于学习情境之中的学生。通过这一点可以看出，如果学生能够在情境学习的过程之中了解适合自己的学习方法，就能够更加积极地学习各种新的知识，同时表现也更为优秀。

但是在具体的教学实践过程中，学习情境与实际的工作环境是存在着不同程度的差别的，这就要求教师们按照课堂教学、实验、学习、实训等教学环境的要求，竭尽全力来积极地适应各种学习的机会以及学习环境，让学生能够通过情境的模拟，也来积极地进行知识的学习以及探索。其实还可以利用合法的边缘性参与机会进行有效的模仿以及观察，保证自己能够获得更多锻炼以及参与的机会。另外还可以安排学生积极地进行顶岗学习和实习，学生们在顶岗实习的过程中获得更多参与职业角色中的机会，这一环节是学习者从边缘性参与转化为熟练者的重要方式。

（2）在具体的教学实践中，特别是职业教育的教学实践过程中，将会出现众多的默会知识，这些知识是隐性的知识，很难通过这种学习方式来进行有效的说明。由此可见，个人必须要在情境以及知识的互动学习过程之中了解一些隐性知识的发展情景，并通过积极主动地边缘参与来找准自己的知识定位以及行为模式，有效地促进各种事件的高效处理，提高个人的活动能力。另外，在学习情景创建时，必须要注重发挥学生的主体地位，调动学生的学习积极性，不但要亲自实践某些知识，更要通过这些活动将那些隐性的知识转化为自身的能力并能够进行更好的实践活动，这是因为"做"并非最终的学习目的，其仅仅是学生获得锻炼机会的手段。在学生进行主体性活动的过程中，教师应当在学习者处于最近发展区的最佳阶段为其提供必要的指导与帮助，从而引导学生从一个新手向专家过渡。

（3）情境认知学习理论认为，个体在参与多场学习活动的过程之中必须要找准自己的真实意义以及客观身份，将自己的角色从合法的边缘性参与的身份向实践共同体中的核心角色过渡，这一过程是动态性的、协商性的、社会性的，是所有共同体成员利用各类互动交流和学习共同体经验，同时能够不断增强个人的主体意识，树立正确的人生观以及价值观。另外，在实践教学的过程中个体可以通过中心任务的发放以及情境教学法的运用，教师可以为学习者营造良好的学习环境，保障其能够积极地运用各种学习工具，并进行有效的探讨，共同体内部成员既需要掌握一般意义上的认知能力，也需要掌握成员之间积极互动、沟通、交流等社会交往方面的能力。由此，个体在同来自不同文化背景、能力存在差别的其他共同体成员进行理论与实践、思想与行动的碰撞过程中，逐渐掌握了相关的知识，从而形成良好的人生观以及价值观，促进个人综合实力的提升，并积极地吸收各种新的知识。

在情境认知理论的学习理念的引导下，曾经有很多的教学策略被创造出来，例如，我们常见的认知学徒制、抛锚式教学、交互式教学与合作探究式学习。从教育理论与教学实践来看，情境认知学习的很多观点对于开阔人们的视野具有十分重要的意义，它契合了时代发展对于教育提出的更高的要求，且对于教育改革尤其是职业院校的教学改革具有十分重要的指导意义，它所提出的关于知识学习的新的观点，对于我们重新理解知识的内涵、怎样选择、获得工作过程的知识提供了范本，这一点对知识观念的构建有着重要的作用以及影响。另外，这种理念侧重于学习观的建立，真正地打破原有的教学模式，不再以教材及教师为中心，而是以学生的真实需求为核心，了解学生全面发展的需要，更加符合学生们成长的规律。

第二节　高等职业教育实践教学

一、高等职业教育实践教学的概念界定

对高职实践教学进行明确定义，既能帮助学术界对高职实践教学进行深入研究，又便于各学派之间的交流。一般而言，定义由被定义项和定义项两部分组成，并且定义的表达方式为被定义的概念，以及概念与其他属概念的

种差，具体而言就是被定义概念和属概念之间的区别属性。所以，针对实践教学的概念进行定义，就要确定一个属概念。以对高职实践教学的分析和理解为基础，下面将教学当作属概念，高职院校实践教学就是指高职院校依照专业的不同，以培养各类型的人才为目标，依照工学交替的方式对人才进行培养，从而使其能够完成某项任务，另外以实训项目为载体，激发学生自觉学习、自主探索和思考的潜能，使其具备能够胜任某个岗位的技能，兼具一定的职业素养的教学。对实践教学的这一定义，采用的为内涵定义法，该定义的外延包括实验、实习、实训和毕业设计等一切教学活动，也是人们聚焦的话题。

但是，需要注意的是，普通院校和高职院校在人才培养方式上有着明显的区别，预示着实验室和实训实习两个实践教学基地在各自的教学过程中有着不同的地位，换言之，就是实验室和实训实习两个基地在实践教学体系中所占的比重不同。总而言之，实践教学具有一般教学的共性特点，也具有与一般教学相区别的特色：

第一，我们要从教学思想上来领悟实践教学，这就决定了脱离传统教学活动的范畴，不只是局限于教学形式，也不同于传统的教学活动，而是突破传统教学活动向教学思想的转变。实践教学从本质上来说是一种教学思想，无论是教师还是学生，不管是教学内容、教学方式还是教学设备，都要立足于实践教学的教学思想而设置。

第二，高职院校培养人才的突出特点就是实践性。实践性的教学特色体现在工学交替的人才培养方式上，工学交替的培养方式就是要摸索学校和企业、学习和实践、知识和技能之间的平衡点，打破教师和实训导师角色分离、教学管理和企业需求脱离的限制，从而实现全面、紧密的融合。

第三，实践教学的载体通常以工作任务的形式存在，围绕某一项工作任务开展实践教学，包括整个工作任务的设计、流程操作等环节，并且对任务设计提出了较高的要求，着重培养学生与职业需求相关的设计能力。所以，实践教学既以工作任务为指导，也以设计需求为指导，遵循了教学的一般规律，而且也符合实践教学对实际操作的要求，以及通过进一步地改善实现设计能力的要求。另外，实践教学重点强化学生自觉参与、自主探索和思考的能力。所以，在教学过程中，教师要放弃以往教书匠的角色，而是充分发挥指引者的作用，为学生答疑解惑，从而引导学生积极思考和探索。同时，学生要积极参与实践学习，提升自身的主体地位，通过自我体验和感受，增强对知识的理解和技能的掌握。因此，实践教学是立足于教师指导的前提下，学生积极探索、提高技能、增强适应社会的能力的过程。最终，实践教学的目标就是要提高学生适应岗位的能力，养成正确的职业态度，培养学生的职业素养和能力，这也符合职业性教育的要求和特点。实践教学在高职教育中发挥的作用日渐重要，人们也将其作为培养高素质人才的必由之路。实践教学贯穿于学生的整个职业生涯，一方面培养学生的实训技能，另一方面也促使学生养成优良的道德品格和处事能力。

二、高等职业教育实践教学的体系构建

（一）高等职业教育实践教学体系的构建意义

第一，确保实践教学成为培养学生综合职业能力的关键环节。实践教学是训练学生专业技能、培养学生创新意识和创新能力的重要阶段。学生通过直接参与生产实践活动，亲身感受、发现、分析和解决生产实际中的问题，增强了企业意识、产品意识、环保意识和条件意识。熟悉并学会了制定产品的工艺流程，获得了从事实际生产的宝贵经验，为今后从事产品的设计与开发奠定了坚实的基础。另外，学生在生产实践中，通过与周围人的接触和交往，其团队协作能力，学习交流能力和信息传播能力也得以明显提高，全面达到高等职业教育培养目标的要求。

第二，确保实践教学成为素质教育的有效形式。一个人素质的形成主要

来自两个方面：一是个体的先天品质；二是后天的学习与实践。前者（先天品质）与生俱来，后者（后天的学习与实践）依靠后天的努力；前者（先天品质）带有明显的遗传痕迹，后者（后天的学习与实践）则展现的是大自然的风范；前者（先天品质）的发展空间有限，内容单一，而后者（后天的学习与实践）的发展空间无限，内容丰富多彩；前者（先天品质）可塑性很小，而后者（后天的学习与实践）对人的素质有着极强的再塑造功能。因此，素质形成的过程应该是在先天品质基础上的不断学习与实践的过程，是通过直接的、现实的、感性的活动丰富和培养自己的内心世界与外在感觉的过程，是思想境界升华的过程。实践教学为学生提供了一个广阔的学习与实践的空间。在那里，学生可以尽情地与自然、与社会、与人之间进行交往、互动，从中获取营养，以丰富个性的培养，促使形成科学的人生观、价值观，达到素质教育的目的。

第三，确保实践教学成为学校获得经济效益与社会效益的最佳途径。高等职业教育实践教学具有突出的职业性，它与社会现实、市场经济和企业需求紧密相连，借助学校人才、知识、技术密集的优势为社会和企业提供直接的服务。例如，产品开发、技术咨询、成果转让、信息交流等，为经济发展作出贡献。在这个过程中，参与者（教师或学生）还可以直接创造物质财富，为学校带来一定的经济效益和社会效益。

（二）高等职业教育实践教学体系的主要内容

一个完整的体系必须具备驱动、受动、调控和保障功能，才能有序高效地运转，从而实现目标。据此，可把实践教学体系分为实践教学目标体系、实践教学内容体系、实践教学条件体系、实践教学管理体系和实践教学评价体系等五个子体系。

1.实践教学目标体系

完整的教育目标体系应包括认知、动作技能和情感等三大领域，高等职业教育实践教学目标体系是围绕实际岗位职业技能而制定的，应当以产业需求为依据，以学生就业为目的，包括实践能力、职业素质、创业能力、资格证书等方面。具体而言，高等职业实践教学目标体系应包括以下内容：

（1）使学生获得知识、开阔眼界，丰富并活跃学生的科学思想，加深对理论知识的理解，进而在实践中对理论知识进行修正、拓展和创新。

（2）培养基本技能和专业技术技能，使学生具有从事某一行业的职业素质和能力，包括四个方面。①实践能力。实践能力可通过单项能力、模块能力、综合能力和扩展能力的顺序分阶段逐步提高。②职业素质。社会信息化、经济全球化、学习社会化对高等职业教育人才素质提出了更高的要求，实践教学体系不是单纯培养实践技能，而应以培养学生的职业素质为目标，注重学生职业道德、奉献精神、团队精神、质量意识和创新意识等方面的培养。③创业能力。学生学习的根本目的就是满足谋生本领的需要，也就是满足学生创业的需求。通过创业教育可以锻炼学生的择业能力和生存能力，这是高等职业院校推动就业的必然选择。④职业资格证书。学生获得职业资格证书，是对学生职业能力的综合检验，也是学生顺利就业的基本保证。

2. 实践教学内容体系

理论教学以"必需""够用"为度：高等职业教育不同于普通高等教育，它培养的学生更需具有很强的实践能力。能力从何而来，一部分可以由知识转化而来，但是更主要的必须通过实践教学加以培养。

实践教学内容应贯穿于高等职业教育的教学之中，形成三个教学课堂：学校教学、企业教学和社会教学。学校教学包括实验、实训、课程设计和论文、专业综合能力实践（含毕业论文、毕业设计）等；企业教学包括社会实践、顶岗实习、产学合作教育等；社会教学包括各类培训、考证考级、技能大赛、学科竞赛与科技活动等。

3. 实践教学条件体系

实践教学的条件体系是实践教学的保障层面，服从于教学内容体系，涉及教师队伍、教学方法、教材、实验实训设备设施、校内校外实训基地等诸多方面。

（1）建立一支具有现代教育理念和创新精神、教学能力强、熟悉生产领域、掌握过硬技术、乐于教书育人的高素质实践教学师资队伍。

第一，学校要注重"双师型"教师的培养与引进。可以让教师到企业为员工进行专业培训或到企业实际操作，使他们更加了解社会需求以及如何培养学生的实际操作能力。

第二，在实验实训管理机构管理下，建设一支过硬的实验员队伍，要求实训指导教师参加全国通用的岗位技能培训，使其在技能上至少有中级岗位等级证书或职业资格证书，建立理论教师与实践教师定期换岗制度和专业理论教师限期通过相关专业职业资格证考试制度，通过强化专业技能考核来提高理论教师的实践能力，造就一支高水平的"双师型"师资队伍。

第三，聘请企事业单位的专家、有工作经验的人员以及实践基地有丰富经验的技术骨干作为兼职实习、实训指导教师，组建一支以专职为主、专兼结合的实践教学师资队伍。

（2）加强校内外实践教学基地建设，通过学校投入和校企共建等，不断改善校内实验（实训）条件，大力整合现有资源，优化管理，扎扎实实地建设好各专业的实验室实验工场、实训室、实训工厂等。此外，积极拓展实验（实训）室创建渠道，鼓励社会资源通过投资，如参股等方式参与建设，共创产学研合作教育基地等。同时，加强实验室、实训基地的科学管理，实现资源共享，将实验（实训）室资源向社会、企业开放，提高资源的使用效率。重视校外实习、实训基地建设，按照互惠互利的原则，建立一批相对稳定的校外实习基地。

4.实践教学管理体系

实践教学管理体系主要包括实践教学组织管理、运行管理和制度管理三个方面。

（1）组织管理：由学校对实践教学进行宏观管理，制定相应的管理办法和措施。各二级学院作为办学实体，具体负责实践教学的组织与实施工作。

（2）运行管理：各专业要制定独立、完整的实践教学计划，并针对实践教学计划编制实践教学大纲，编写实践教学指导书，规范实践、教学的考核办法，保证实践教学的质量。根据行业的实际任务与企业的实际需求，安排毕业设计（论文）等环节。对实践性教学环节应做到六个落实：计划落实、大纲落实、指导教师落实、经费落实、场所落实和考核落实。抓好四个环节：准备工作环节、初期安排落实环节、中期开展检查环节和结束阶段的成绩评定及工作总结环节。

（3）制度管理：制定一系列关于实验（实训）、实习、毕业论文（设计）和学科竞赛等方面的实践教学管理文件，以保障实践教学环节的顺利开展。

5.实践教学评价体系

建立科学、完整的实践教学评价体系是重视实践教学，促进实践教学质量快速提高，加强宏观管理的主要手段。

（1）建立一套科学、完整的学生评价体系。校内实践教学和校外实践教学都要加强指导和管理，每次实训都有实训报告或成果，由专业指导教师评定成绩并作好记载，按实践教学学时占总学时数的比例计入课程成绩。集中实训成绩按优秀、良好、及格、不及格等次单独记入成绩档案。对学生参加实验、实习的各个实践教学环节的效果提出严格要求，加强学生综合实验能力的考评，制定综合实验能力考评方案，确定考评内容与方法，提出考评成绩的学分比重，通过笔试、口试、操作考试及实验论文等多种形式考评学生的综合实验能力。对于实习考核可通过实习报告、现场操作、理论考试，设计和答辩等形式进行，可以由学校实验室和校外实践基地联合考核，不仅考核学生的素质和能力水平，而且考核学生的工作实绩。

（2）建立一个教师评价体系。根据培养目标的要求，制定出实践教学各个环节的具体明确的质量标准，并通过文件的形式使之制度化，严格规范执行。再结合同行评价结果、学生评教结果，在学年度末给每位教师写出评语，同本人见面，并纳入人事考核之中。

（三）高等职业教育实践教学体系框架与特征

1.高等职业教育实践教学体系框架

构建实践教学体系是高等职业教育的重要特征，也是高等职业教育得以生存和发展的关键。高等职业教育培养适应生产、服务、管理第一线的高等，技术应用型人才的目标，决定了实践教学体系是一个多因素、多层面、多结构的复杂系统，加之紧跟人才市场的需求，实践教学体系还具有明显的特点。因此构建实践教学体系是一项艰巨的、综合性的系统工程。高等职业教育实践教学体系的基本框架如图 2-1 所示。

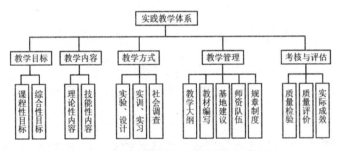

图 2-1 高等职业教育实践教学体系框架

2.高等职业教育实践教学体系特征

（1）突出职业性的实践教学目标。实践教学目标可分为课程类实践教学目标和综合性实践教学目标。课程类实践教学目标是以实践课的章、节为单元制定教学目标，确认教学效果，它可以细化到每门课程、每次课，甚至每个学时；综合性实践教学目标是以专业的阶段性和等级性为单元制定教学目标，确认教学效果，它一般涵盖了教学内容相通的几门课程。但是不管以上哪种形式，制定实践教学目标都要遵循这样一个原则：根据行业需求，从职业分析入手，将综合职业能力分解成若干项专业能力，并将这些能力有针对性地落实到相应的课程中去，做到有目的、有计划地培养学生的专业技能，使实践教学目标具有突出的职业性。

（2）具有前瞻性的实践教学内容。根据实践教学的性质，教学内容可分为两个部分：一是理论知识的实践教学，它具有理解、运用、延伸和发展的属性，是实践教学内容的基础；二是职业技能的实践教学，它包括了职业所需要的基本、相关、专项、综合等项技能，是实践教学内容的精华。无论是"基础"还是"精华"，都要紧紧把握科学技术发展的脉搏，积极吸收世界上最新的科学技术成果，随时将适合社会和经济发展实际的新技术、新知识补充到实践教学中去。另外，还要注意收集和编写反映最新科技成果、最新技术信息的教学资料，使教学内容具有开拓性、前瞻性，跟上科技发展的步伐。

（3）以学生为主体的实践教学方式。实践教学的方式有很多种，例如，实验、实训、实习、设计、社会调查等。实践教学注重的是学生动手能力的培养。因此，不论采用哪种教学方式，学生都应该是"主角"，是教学活动的中心。要提倡启发式教学，做到引而不发、导而不讲，启发学生的学习兴趣，帮助他们学会主动思维。鼓励学生踊跃参加社会实践，搞竞赛，接项目，从中加深对知识和技能的理解和掌握，达到培养学生观察分析问题的能力、亲自动手解决问题的能力、组织协调能力和创新能力。

（4）规范有序的实践教学管理。实践教学管理包括大纲、教材的建设、基地建设、师资队伍建设以及相应规章制度的建立。

第一，实践教学的大纲和教材是实施实践教学的纲领性文件，它应该鲜明地反映出高等职业教育的特色，强化理论与实践的密切结合，本着"必需""够用"的原则，兼收并蓄国内外科学技术发展的前沿信息与资料，使教学内容更能贴近行业实际和时代的需求，更具有针对性和前瞻性。

第二，实践教学的实训、实习基地是培养生产、建设、服务、管理第一线的高等技术应用型人才的必备条件之一。作为实践能力培训的载体，实训、实习基地可为学生提供基本技能、专业技能以及综合技能等方面的实践环境。实践教学基地的建设水平标志着高等职业教育教学水平，是实现培养目标的关键。

第三，实践教学的师资队伍是完成实践教学任务的重要保证。实践教学指导教师的数量、"双师型"素质以及职业道德等都直接影响到实践教学的质量。因此建立一支政治、业务素质过硬的、专兼职结合的实践教学指导教师队伍是至关重要的。

第四，实践教学的规章制度主要是指包括教学管理文件在内的各种行政命令和政策规定，它是实施实践教学的重要的组织保证，它以行政命令和政策法规的形式对实践教学涉及的人员、资金、设备、材料等各个方面加以规范，通过制定一系列管理、检查、考核和奖励办法保证实践教学朝着培养目标顺利进行。

（5）严格实践教学的考核评估制度。严格的实践教学考核评估制度是实践教学体系的重要组成部分。对实践教学进行严格的考核和评估是对实践教学质量的检验与评价，是展示高等职业教育教学成果的关键所在。因此有必要根据高等职业教育的特点，对实践教学的考核方式、手段、形式以及对实践教学评估的标准、规则进行深层次的研究与论证，制定一套科学的、严谨的、适应高等职业教育培养模式的实践教学考核评估制度。

另外，实践教学的考核还必须与国家就业准入制度相接轨，学生毕业后不仅拥有学历证书，而且还同时拥有本专业和相关专业的岗位资格证、技术等级证等多项职业资格证书，使实践教学取得实际成效。

（四）高等职业教育实践教学体系的构建策略

1. 形成角色换位的工程实践

工程实践能使学生在模拟工程环境和真实的职业环境中得到全方位的强化训练。实现由学生到生产者、经营者、管理者的角色换位。工程实践可分为校内实训、实习和校外实训、实习两个阶段。校内实训、实习是在校内实训基地进行的，学生要在固定的实验室、实习车间进行专业技能的训练，掌握本专业主要工种的基本操作方法和技能，达到应知应会的程度。校外实训实习是在相对固定的校外实训基地进行，这里包括企业、研究所以及相关的训练测试中心等。在部分或全部专业课进行完以后，需要让学生对真实的工作场景有一个全面的了解，可采用到校外实训基地顶岗实习的方式，亲身感受生产现场的职业气氛，体会做一名生产者的感觉。为毕业后的就业，上岗作好了技术与心理上的准备。

在毕业设计阶段，学生也可带着毕业设计的题目，到校外实训基地进行毕业实习，此时他们的任务不仅是继续训练和提高专业技能，而更重要的是针对毕业设计的题目开展调研和资料收集等工作，这是一个集专业知识和专业技能为一体的综合能力的训练过程。

2.学生为主体的教学活动实践

在教学过程中，为了使学生更好理解课堂上讲的知识，需要安排一定的验证性实验和认识性实习（数量不多）。随着学习的深入，还要开放跟踪科技发展的应用性、探索性实验和技能实习、实训等。在这些活动中，教师要以辅导者的身份，通过提示和启发，调动学生的学习积极性，使他们成为教学活动的主体。鼓励他们开动脑筋观察、分析问题，亲自动手解决问题，以此激活他们的自主学习精神和强烈的求知欲望，达到培养学生创新意识、创新能力、创新精神的目的。

3.形成社会责任感的社会实践

社会实践是一项具有独特教学效果的实践教学活动，它的形式多种多样，如社会调查、体验生活、公益劳动以及参加科技活动等。实践证明，社会实践活动促进了学生对社会认识的深入，明确了自身的不足和努力方向，锻炼了人际交往、团队协作、组织管理等社会活动能力，从而增强其公民意识和社会责任感。

4.进行丰富的校园文化活动实践

校园文化活动是学生文化实践的有形载体。学生通过自己的努力精心设计、组织和实施丰富多彩的校园文化活动，充分展示他们的才华，训练了极强的表现能力、群体沟通能力、组织管理能力和领导控制能力。良好的校园文化活动不仅能够活跃校园气氛，营造浓郁的校园文化氛围，而且还可以丰厚学生的文化底蕴，促进人文素质的提高，为全面实现对专业人才知识、能力、素质的培养做出了贡献。

第三节　应用型本科教育实践教学

近年来，国际高等教育界逐渐形成一股新潮流：重视实践教学，注重应用型人才培养。国内诸多高职院校也在教育教学改革中注重实践环境的强化。实践教学被认为是培养学生实践能力和创新能力的重要环节，也是提高学生社会职业素养和就业竞争力的重要途径。这种趋势反映出人类社会对高素质应用型人才的需求和对高等教育的新期待。

应用型本科指"以应用型为办学定位，而不是以科研为办学定位的本科院校"。应用型本科教育对于满足中国经济社会发展，对高层次应用型人才需要，以及推进中国高等教育大众化进程，起到了积极的促进作用。

应用型本科是一种新的教育模式，将本科教育与高职教育相结合，旨在培养具备适应社会经济发展需求的应用型本科专业人才。这种教育模式是由部分省属本科院校与国家级示范性高等职业院校、国家大型骨干企业联合试点培育而成。应用型本科强调"应用"二字，要求教育观、人才观、质量观紧随时代精神和社会发展要求的步伐，构建满足经济与社会发展需要的新的学科方向、专业结构、课程体系，更新教学内容、教学环节、教学方法和教学手段，全面提高教学水平，培养具有较强社会适应能力和竞争能力的高素质应用型人才。同时，应用型本科要求各专业和当地特色密切结合，注重培养学生的实践能力，打造更多应用型人才。实践教学是教学体系建设中的核心环节，通过实践课程，学生能够在实际工作中应用所学知识和技能，从而培养出更符合企业和社会需求的高素质人才。总之，应用型本科教育模式是一个适应社会发展需求的新型教育模式，旨在培养更多具有实际应用能力的高层次人才，以促进社会经济的长期发展。

一、应用型本科的分析

（一）应用型本科的含义

应用型本科教育是一种旨在培养应用型人才的教育形式，其主要目的在于培养具备超过学术型人才的应用客观规律的直接利益的能力。这种类型的教育注重实践和技能培养，旨在让学生能够将所学知识应用于实际工作和生活中，以满足社会对各个领域专业技术人才的需求。

应用型本科教育处于本科教育层次，它在高职教育和研究生教育之间起到了衔接的作用。它培养的人才属于高级技术型人才或初、中级工程型人才。这意味着应用型本科教育的学生在毕业后可以直接从事相关行业的实际工作，并能够胜任相应的职务。通过实践和项目的参与，学生可以逐步熟悉行业要求和工作环境，提升实际操作能力和问题解决能力。

应用型本科教育在本科教育层次上承担了技术教育与工程教育的交叉部分的任务。它注重培养学生的实践能力和职业素养，使他们能够在实际工作中灵活运用所学知识，解决复杂的技术问题，并具备管理和创新的能力。

通过应用型本科教育的培养，学生将获得与实际工作紧密相关的知识和技能。他们在学习过程中将接触到各种实际案例和项目，培养实际操作能力和团队合作精神。这种教育模式注重学生的实践经验和职业素养的培养，使他们能够顺利地融入职业生涯，并在工作中展现出卓越的能力和潜力。

总之，应用型本科教育的主要目的是培养应用型人才，其教育层次为本科教育，培养的人才属于高级技术型人才或初、中级工程型人才。通过实践和项目参与，学生能够掌握实际工作所需的技能和知识，为他们的职业发展奠定坚实的基础。应用型本科教育的目标是培养学生的实践能力、问题解决能力和职业素养，使他们能够在职业生涯中取得成功，并为社会经济的发展做出贡献。

（二）应用型本科的特征

应用型本科教育是一种注重培养学生实际应用能力和综合素质的教育模式。应用型本科教育的主要目标是培养具备综合职业能力和全面素质的毕业生，其中包括技术师、工程师、经济师、经理等职业角色。这些毕业生需要具备基础理论、专业理论知识和实践技术技能的综合应用能力，以适应社会各行业或技术岗位的需求。培养目标的设定使得应用型本科教育注重学生的实践能力和职业素养的培养，旨在培养出能够迅速适应工作环境并具备解决实际问题能力的毕业生。

应用型本科教育的专业设置具有行业、职业或技术的定向性和地方性。这意味着专业的设置是根据特定行业、职业或技术的需求来设计的，并且还考虑了地方发展的实际情况。专业设置建立在相对稳定的学科基础上，着重解决工程技术、应用技术和职业岗位等实际问题。这种设置方式使得学生能够在毕业后更好地适应不断变化的职业岗位要求，为社会和经济发展提供所需的专业人才。

应用型本科教育的教学计划以培养学生掌握技术应用能力或胜任工作岗位任务为主线。教学内容立足于职业岗位或工程技术领域的需求，注重应用性、针对性和实用性。教学计划中包括较大比例的实践性教学环节，如实践训练和技能培养，以帮助学生将理论知识与实际应用相结合。这样的教学计划使学生能够通过实践锻炼提升技能，培养解决实际问题的能力，并增强综合素质。

应用型本科教育需要具备"双师型"师资队伍和实习实训条件。"双师型"师资队伍要求教师具备理论知识和实践经验，以提高教学质量。教师不仅要具备学科专业知识，还应具备相关行业或职业的实践经验，能够将理论与实际案例相结合，为学生提供真实的职业背景和案例分析。此外，为了实现应用型人才培养目标，学校还需要提供充足的实习和实训条件。通过实习和实训，学生可以进行现场实习、技术应用和反复训练，加深对实际工作环境和职业要求的理解，提高实际操作技能。

应用型本科教育必须走产学研结合之路。学校与社会用人部门密切联系，师生与实际劳动者紧密联系，通过产学研合作，将理论与实际结合起来。产学研合作是实现应用型本科教育目标和培养高层次应用型人才的基本途径，也是其重要特征之一。学校与企业、行业协会等合作开展课程设计、实习安排和毕业设计等，确保教学内容与实际工作需求紧密契合。通过与企业和行业的合作，学生可以接触到真实的工作环境和项目，培养解决实际问题的能力，并为毕业后就业提供更多机会。

（三）应用型本科与学术型本科的区别

应用型本科和学术型本科是两种不同类型的本科教育，它们在课程设置、教学方法和学位要求等方面存在一些区别。下面是它们的主要区别：

第一，课程设置方面。应用型本科更加注重实践性和职业导向的课程设置。学生将接受与实际职业需求相关的专业课程培训，以便他们能够在毕业后立即就业。学术型本科则更注重理论和学术研究，提供广泛的学科基础知识和深入的学术训练。

第二，教学方法方面。应用型本科通常采用实践性教学方法，如实习、实验、案例分析等，以培养学生的实际操作和问题解决能力。学术型本科则更注重教授学术理论和概念，注重研究和批判性思维能力的培养。

第三，学位要求方面。应用型本科通常授予应用学士学位（例如工程学士、护理学士、商业学士等），以证明学生已经具备应用领域的实际技能和知识。学术型本科通常授予学术学士学位（例如文学学士、科学学士、社会科学学士等），强调学生在学术领域的知识和研究能力。

第四，职业发展方面。应用型本科的学生更有可能直接进入与其专业相关的职业领域，因为他们接受了与实际工作需求密切相关的培训。学术型本科的学生则更倾向于继续深造，攻读硕士或博士学位，或者进入学术界从事研究和教学工作。

需要注意的是，这些区别并不是绝对的，某些大学或学位课程可能存在交叉或混合型的特点。此外，这些区别也可能因国家、学校和专业的不同而有所差异。

二、应用型本科教育实践教学的分析

（一）应用型本科教育实践教学的作用

实践教学对学生的综合素质发展和对实际工作场景和规程的了解具有重要意义。它使学生能够加深理论知识，并锻炼实际操作能力，培养创新意识和能力。通过实践教学，学生可以将所学知识应用于实际情境中，了解实际工作环境和工作规程，从而更好地为未来的实际生产、社会工作和管理方式做准备。

实践教学是应用型本科教学的重要组成部分，也是应用型本科教育的重要特点之一。它与理论教学相辅相成，通过实践环节的设置，使学生能够将理论知识与实际操作相结合，提高应用能力和解决问题的能力。实践教学强调学生的实际操作能力和动手能力的培养，使学生能够更好地适应未来的工作环境。

实践教学是培养学生创新能力的切入点，实践能力是创新能力的基础，因此实践教学是培养学生实践能力的有效途径和手段。通过实践教学，学生可以接触到实际问题和挑战，培养解决问题和创新的能力。实践教学提供了一个实践平台，让学生能够在实际情境中进行实验、观察、分析和创新，从而培养他们的创新思维和实践能力。

实践教学是理论过渡到实践的桥梁，它能够最大限度地开发学生的潜能，培养他们运用知识、创造知识和投身社会实践的能力和品质。通过实践教学，学生可以将抽象的理论知识转化为实际操作能力，提高他们解决实际问题的能力。实践教学还能够培养学生的团队合作精神和创新意识，让他们能够主动思考、探索和实践，为社会的发展和进步做出积极贡献。

实践教学在大学生向社会人转化的过程中培养了综合素质，促进学生个体全面发展，发挥能力，从而促进国家经济发展和社会进步。通过实践教学，学生能够不断提高自己的实践能力和创新能力，为未来的职业发展打下坚实的基础。同时，实践教学还能够培养学生的社会责任感和使命感，让他们成为有担当、有能力的社会人才，为国家的经济发展和社会进步做出积极贡献。

（二）应用型本科教育实践教学的特征

实践教学是一种具有独立性特征的教学类型，它需要被视为一个独立的教学形式进行深入研究和探讨。实践教学的核心在于强调学生的主体性，通过教师的组织和引导，学生成为实践教学的主体，积极参与实践操作。这种教学方式赋予学生更多的主动性和参与度，帮助他们在实践中积累经验，提高实际应用能力。

实践教学的内容应具有实用性，要与生产实际相结合，模拟真实的生产现场，使学生能够直接掌握并应用所学的知识和技能。通过实践操作，学生能够亲身体验并理解工作环境中的挑战和要求，培养解决实际问题的能力，并获得直接的岗位能力。这种直接的实践经验对于学生的职业发展具有重要意义，能够增强他们在就业市场上的竞争力。

实践教学可以通过校企联合来实现，学校可以与企业合作，共享技术资源和实践环境。学校可以借助企业的先进技术设备和实践场所，提供更真实的实践教学环境。同时，企业也可以从学校获得先进的技术和人才培养成果，促进自身的创新和发展。这种校企合作对于学生的动手能力提升和创新精神的激发都非常有益。

在校企合作的过程中，学生能够接触到真实的工作环境，与专业人士进行互动，了解行业的最新动态和需求。他们有机会将所学的理论知识应用到实践中，并通过与企业的合作项目锻炼解决问题的能力。这种实践教学模式不仅加强了学生的实践能力，还培养了他们的团队合作意识和职业素养。

第四节 实践教学模式

高等职业教育的目标是为从事生产建设、服务、管理等一线岗位的高等技术应用人才提供培养。为了确保学生毕业后能够成功融入职场，学校与企业之间的紧密联系和实践教学起着关键作用。在我国，高等职业教育不仅借鉴了国外的先进理念，还进行了校企联合办学的实践教学尝试和研究。这种合作模式使学生能够在真实工作环境中获得实践经验，并与企业密切互动。

在实践中，我国逐渐形成了一些具有中国特色的职业教育教学模式。其中包括"订单式培养"，即根据企业需求培养定制化的人才；"工学交替"，即在学习和实践之间循环进行，加强理论与实际的结合；"理实一体化"，即将理论知识与实践技能相结合，培养全面发展的专业人才；"校内实训"，即在校园内模拟真实工作环境进行实践训练。这些职业教育教学模式的出现和实践，丰富了高等职业教育的内容和形式，提高了学生的实践能力和就业竞争力。通过与企业密切合作，高等职业教育能够更好地满足社会对于高技能人才的需求，并为国家经济发展做出积极贡献。

一、订单式培养模式

在我国的高职院校中，校企合作和工学交替的人才培养模式中，"订单式"培养是一种常见且有效的形式。这种模式是根据用人单位的需求，学校与企业共同制定人才培养方案，并签订用人合同，在师资、技术、办学条件等方面进行合作，共同负责招生、培养和就业等一系列教育教学活动。"订单式"培养的主要特点是将文化理论学习与工作实践相结合，注重技能操作和职业素养培养。学生在毕业后可以直接上岗，实现零距离就业。这种模式不仅能够节省人才培养成本和时间周期，还能提高生产效率。

二、工学交替模式

工学交替是一种将工学与教育相结合的模式，旨在通过实践教学活动将学生置身于企业生产服务第一线。它的常见形式包括认知实习、专业实习和顶岗实习。认知实习的目的是通过参观、访问、调查和简单的业务操作实践，让学生了解本专业所面向的职业与岗位，培养专业兴趣和增强职业意识。专业实习是教学计划的一部分，旨在检测学生对专业知识和技能的掌握程度，了解企业行业的运行态势，并发展学生的职业素养。而顶岗实习则为学生提供了全面了解企业生产经营运作的机会，提高实践能力与职业能力，熟悉岗位职业技能，培养社会适应性和团队合作精神。

为了加强学校与社会的联系并锻炼学生的能力，许多高职院校安排了工学交替的相关教学活动，让学生进行学习、观摩和实习体验。这些活动通常由专业教师带队，确保学生获得有效的指导和支持。通过工学交替，学生能够在真实的工作环境中应用所学知识，加深对专业领域的理解，并与业界专业人士进行互动交流，从而提高自己的综合素质和竞争力。

工学交替对学生的发展具有重要的意义。它不仅提供了实践机会，使学生能够将理论知识应用到实际工作中，还促进了学生的自我成长和职业发展。通过与企业接轨，学生能够了解最新的行业趋势和技术发展，培养适应变化的能力。同时，工学交替也有助于学生建立职业网络和人际关系，为将来的就业提供了宝贵资源和机会。

三、理实一体化模式

订单式培养与工学交替是校企合作的具体实践形式，将学校的教学与企业的实践相结合，为学生提供实际的工作经验和技能培训机会。这种合作模式有助于学生更好地适应职业需求，提高他们的就业竞争力。

理实一体化是课堂教学的具体实践形式，强调将理论与实践相融合。在这种教学模式下，教师在设定教学任务和目标的同时发挥主导作用，师生一起进行教学、学习和实践，构建全程的素质和技能培养框架，丰富课堂教学和实践环节，提高教学质量。

高职教育的职业属性要求教学过程与职业工作过程保持一致，以培养完整的职业行动能力。理实一体化模式突破了传统的教学模式框架，将理论与实践相结合，使学生能够在实践中学习和运用知识。

"案例分析""角色扮演""头脑风暴""模拟教学"等活动是理实一体化教学的积极尝试，而项目教学则是其中最主要的实践模式。项目教学包括准备、实施和评价三个过程，鼓励学生在合作式的探究学习中完成任务，自主进行知识构建，并获得解决实际问题的能力和技能。

在评价阶段，项目教学不仅用传统的方式考核学生对知识的掌握程度，还注重综合运用知识与技能、解决实际问题的能力。评价的重点在于学生是否达到项目教学的目标要求，以及是否有进步。此外，项目教学鼓励学生自主、客观地评价自己的学习成果，并进行相互评价，以促进学生对自身学习成果的反思。教师的评价也注重对学生学习的指导和引导。

综上所述，理实一体化模式和项目教学是高职教育中的重要实践形式。通过将理论与实践相结合，学生能够获得实际的工作经验和技能培训，提高其就业竞争力。这种教学模式注重学生的主动参与和自主学习，通过项目任务的完成，培养学生解决实际问题的能力，并在评价中注重综合能力的发展。

四、校内实训模式

我国高职院校在面对社会资源有限的情况下，很难将所有学生都安排进入企业进行实践教学。为了适应专业课程教学和人才培养模式的改革，这些院校在校内创设了模拟企业生产场景的仿真环境以及真实的职场环境。在教学过程中，学生被安排在仿真环境中进行实训，以提供类似于企业的学习体验。这种校内实训使学生能够时刻感受到企业的氛围，通过边学边做来实现知识学习和技能训练的结合。校内实训的好处包括培养实践能力、操作技能、专业技术应用能力和综合实践技能等方面的能力。它强调学生在相对真实的环境中提升职业能力。因此，校内实训已成为我国高职院校校内实践教学的重要组成部分和主要形式。通过这种方式，高职院校能够充分利用自身的资源，为学生提供与企业实践相近的教学环境，促进学生的综合能力发展，使他们更好地适应未来的职业挑战。

第五节　基于"社会需求导向"的人才培养研究

社会需求是经济学范畴中的一部分，与社会供给相对应。它指的是社会具备支付能力的需求，是推动社会供给能力的基本驱动力。社会需求是在特定历史发展阶段下形成的，它根据国家未来经济和社会发展所需的劳动力和专门人才需求而产生。需求的分析方法和分类角度有很多种，包括中长期需求和区域需求等。社会需求是一个综合体，整合了国家或地区政治、经济、科技、文化、教育等多个方面的现实状况和需求。掌握社会需求分析方法可以抓住社会发展进步的重点和趋向。在高职教育中，社会需求主要表现为社会经济建设的需求。高职教育的招生、专业设置、课程调整以及人才培养规划等方面能够反映经济发展速度、规模和经济产业结构的变化。

社会需求也是衡量地区教育发展程度的重要标准之一。了解和满足社会需求对于教育机构和政府决策者来说至关重要。通过深入研究和分析社会需求，可以确定教育资源的合理配置，促进人力资源的优化利用，推动经济和社会的可持续发展。

一、社会需求导向下人才培养标准

高职院校专业人才培养的关键在于选择社会需求导向的人才培养模式。这一选择需要考虑行业发展的社会需求、时代需求和政策要求等因素。同时，也应该关注学生个人职业生涯规划成长的需求分析和思考。因此，对于高职院校专业人才培养模式的改革创新来说，人才培养模式的优劣分析和需求分析至关重要。为了满足不同需求，可以考虑订单式、双证制、联合办学等不同的人才培养模式。

修订人才培养标准的基础是与行业联合制定岗位技能标准。根据教育服务社会经济范围和短期中长期需求目标，确定不同层次的人才岗位技能标准，并积极参与行业岗位技能标准分析。通过深化校企合作，可以更好地了解企业的人才需求标准，为高职专业人才的目标规划提供基础。

综上所述，高职院校专业人才培养模式选择和人才培养标准的修订是关键。社会需求导向的人才培养模式选择需要考虑多方面的因素，并关注学生个人职业生涯规划成长的需求。对于人才培养模式的改革创新来说，优劣分析和需求分析至关重要。与行业联合制定岗位技能标准可以确保人才培养与实际需求相匹配。深化校企合作可以进一步了解企业的人才需求标准，为高职专业人才的目标规划提供基础。通过这些努力，高职院校可以更好地满足社会的人才需求，培养适应时代发展要求的专业人才。

二、基于社会需求导向的教育教学改革

教育教学管理改革是提高职业教育质量和适应社会发展需求的关键。首先，确保专业设置符合社会人才需求和发展趋势。学校应该根据社会的人才需求和行业的发展趋势，合理设置专业，以培养与市场需求相匹配的人才。其次，专业招生要与地区经济社会需求相匹配，既要均衡人才数量，又要提升人才质量。这意味着需要根据地区的具体需求进行专业招生规划，使人才培养与地方经济社会发展保持一致。

教育教学管理改革还需要将人才培养方向与目标标准反映在教学顶层规划上。学校应该明确人才培养的目标和标准，将其融入教学规划中。这样可以确保教学过程中的各个环节都与人才培养目标相一致。此外，人才培养也

需要具有针对性，即根据不同专业和学生的需求进行差异化的培养计划和措施，以更好地满足他们的发展需求。

课程体系改革是提升职业教育质量和培养实用型人才的重要途径。为此，建立学校主导、社会特别是企业专家参与的课程设置改革委员会至关重要。这个委员会由权威专家和企业专家组成，制定科学化的高职课程体系，确保课程与实际需求相符。此外，要构建以职业能力为核心的人才职业素养课程教育体系，使学生在课程中获得实践能力和职业素养的全面培养。

为了落实课程体系改革，教师团队结构也需要进行改革。教师团队应该以企业岗位职业能力为基础，构建模块化的教学队伍，以满足不同领域和专业的需求。此外，教学内容还应融入工匠精神、先进教学理念、创新创业等概念，以培养学生的实践能力和创新思维。同时，鼓励教师采用多样化的教学方法，不断革新思想，提高教学效果。

教学评价体系改革是教育质量的重要保障。第一，应构建基于企业需求的职业教育质量考核与评价体系，确保评价指标与市场需求紧密相连。第二，强调教学评价与教学考核的关联性，教学评价应该成为促进教师提高教学能力和学生培养质量的重要手段。教学评估也应具有双向动态发展性，不断调整和改进评价方法和标准，以适应教学和社会的变化。第三，教师应提高自身的职业核心素养能力，与行业人才需求发展趋势相匹配。

三、注重教师队伍素养的整体提升

首先，建设一支"双师型"的教师队伍至关重要。这意味着培养懂专业理论知识和行业前沿技术的教师，他们能够洞悉行业前景并将最新的知识和技术带入课堂。为了实现这一目标，校企合作是必不可少的。通过让专业教师到企业中挂职或担任企业顾问等职位，可以增强教师与企业之间的沟通和合作。

其次，引入新的人才并优化人才队伍的结构也是非常重要的。引入"双师型"教师人才可以通过讲座、培训等活动培养年富力强、肯担当、爱岗敬业的青年教师，从而充实青年骨干师资力量。同时，应该敢于创新高职人才培养方案，展现负责任的态度和敢于创新的精神。

最后，加强校企合作是推动高职人才培养的重要举措。深化校企合作，实施教师到企业挂职和担任企业顾问等机制，以加强教师与企业之间的紧密联系。同时，还应该利用企业前沿科技人才的优势，加强教师的企业培训，并建立更好的沟通机制，使企业人才更好地融入校园。

第三章　石油化工专业的实践教学体系构建

第一节　石油化工专业实践教学体系及构建原则

一、石油化工专业实践教学体系概述

（一）石油化工专业实践教学体系的特征

高等职业教育实践教学体系必须符合高等职业教育的培养目标，以社会需要为原则，以"应用、实践"为主旨。对于石油化工专业而言，高等职业教育实践教学体系的主要特征表现在以下方面：

1. 高等教育性

高等教育是对学习者在完成中等教育的基础上开展的高一层次的学历教育。在石油化工领域，高等职业教育是培养高质量、高技能、高素质技术型人才的重要途径。从人才培养目标来看，中等职业教育培养的是中级技能型人才，而高等职业教育则要求学生掌握更深入、更广泛的知识和技能，培养高端技术技能型人才，熟练掌握石油化工领域的基本理论和实践操作技能。高等职业教育在职业教育体系中处于高层次地位，起"引领作用"，对石油化工领域的发展起着至关重要的作用，并成为石油化工企业和行业协会首选人才的主要来源之一。显然，高等职业教育与普通高等教育都是社会发展所必需的、不可相互替代的两种类型的高等教育，它们的相互配合与互补也有

力地推动着整个石油化工领域的快速发展。

2.职业教育性

在石油化工领域，高等职业教育的人才培养目标是培养生产、建设、服务和管理第一线的高端技术技能人才。对于何谓"高端技术技能型人才"，石油化工领域已基本达成共识：在高端产业和新兴产业上的技能型人才、从事智力技能为主的创造性劳动的技能型人才，以及在最前沿的新技术、新工艺、新知识范围内掌握核心技能的劳动者。因此，高等职业教育的实践教学体系应该建立在职业能力、素质结构分析的基础之上，注重培养学生的实践操作能力和解决实际问题的能力，使其具备可持续发展的职业能力和素质，立足于石油化工行业的最前沿，为石油化工企业和行业协会输送高水平、高质量的技术技能型人才。

3.技术应用性

社会人才分类标准有很多，但国内外比较公认的是按二类四型划分。在石油化工领域，这种划分可以更具体地呈现出不同类型人才的特点和职业要求。一类是发现和研究客观规律，提炼和凝聚科学原理和科学体系的学术型人才，这类人才多数从事基础研究和技术创新等领域。另一类是把无形的科学原理和理论知识向有形物质形态转化、实现显性财富的应用型人才。应用型人才又可分为工程型、技术型和技能型三种类型，且在石油化工领域发挥着重要作用。其中，工程型人才处于应用型人才高端，他们是把科学原理和科学知识转化为开发项目、设计图纸、规划方案、决策内容等可预知的物质形态，即"软件"，呈现可估量的半隐形财富；技术型人才和技能型人才则是将开发、设计、规划、决策转化为有形物质形态，实现显性财富的人才。在石油化工行业中，应用型人才的总体需求量较大，而其中技能型人才作为石油化工工人的基础阵地，建设石化工人队伍是当前石化行业发展的重中之重，是石油化工行业可持续发展和高质量发展的重要保障。

此外，从不同角度看，可以进一步解释不同类型人才在石油化工领域的特点和职业要求。从知识层面上看，学术型人才和工程型人才突出学科知识的系统性和完整性，其要求的知识更为综合、深刻；技术型人才对学科知识的掌握要求以"实用为主、够用为度，增加宽度"，重在实践应用技能；技能型人才要对知识有所了解，突出操作技能。从能力上看，学术型人才和工程型人才要求突出对科学技术的创新创造能力，要求具有较强的分析、判断、解决问题的能力；技术型人才强调的是职业岗位的实践能力，具有实践调试、维修保养、技术培训等能力；技能型人才要求的是动手能力（操作的熟练程度和准确度），具有较强的操作技能。从工作面上看，学术型人才和工程型人才面向科研院所和工程规划、设计部门，从事科学研究、技术开发和管理工作；技术型人才面向第一线的管理岗、技术岗、高技术操作岗，从事生产管理和现场操作；技能型人才面向第一线的操作岗，从事生产、制造等基础性工作。在石油化工领域，不同类型人才的发展都具有不可替代的作用，共同构成了石油化工产业链上不可或缺的环节。

4. 社会实践性

高等职业教育教学的过程特征是以培养职业能力为本，职业能力的培养是出发点，也是终结点，教学重在实践性。在石油化工领域，高等职业教育的教学过程要强化实践性，追求与生产劳动和社会实践的结合，将校内成绩考核与企业实践考核结合起来，突出订单培养、工学交替、任务驱动、项目导向和顶岗实习等教学模式，推行"做中学""学中做"的教学理念，并实行"工学交替""校企合作""顶岗实习"的人才培养模式，着力提高学生的职业道德、职业技能和就业创业能力。在石油化工领域，高等职业教育的实践教学体系必须反映企业生产和管理实际，工科专业的模拟项目实训和文科专业的模拟案例实训，都应来自企业的真实运作。通过将学生送入企业实习、实践，让学生在现代企业里得到技能训练的同时，受到职业道德、职业素质的教育，感受到现代企业文化气息。因此，高等职业教育的教学和实践内容需要和石油化工领域的技术、管理和创新等实际应用紧密结合，培养具备高度实践能力的专业化、复合型高端技术技能人才，为石油化工行业的创新和可持续发展注入新的生力军。

5. 校企共建性

在石油化工领域，校企共建高职实践教学体系具有巨大的优势。例如，石油化工企业可以为学校提供先进的石化生产设备和实验室，使学生能够接触到真实的石油化工生产环境，并进行实际操作和实践探究。另外，石油化工企业还可以为学生提供实习机会，让学生在企业实际项目中参与实际工作，深入了解石油化工行业，并锻炼实践能力和团队协作能力。此外，企业可以为学生提供行业内的职业培训和帮助学生了解该行业的人才需求和市场趋势，以帮助学生更好地准备就业。可以看到，校企共建性对于石油化工领域的高等职业教育发展至关重要。

6. 适应性

高等职业教育是按职业的特定需要设置专业的，以市场为依据、面向市场、服务生产，主动去适应区域经济发展和产业结构调整。随着社会经济的快速发展和产业结构的不断变化，劳动力市场对人才需求也不断变化，服务于区域经济的高等职业院校要依据本地资源优势、产业结构和劳动力市场需求设置和调整专业。在知识经济大背景下，产业结构和经济结构不断变化，职业、岗位更替快，专业设置和调整也要与时俱进，具有灵活性。此外，从课程体系和课程内容上看，高等职业教育的课程以职业能力需要为主线，课程内容包括胜任岗位职责所需的专业知识、工作技能和工作态度的培养。课程内容需要与职业标准对接的不仅是专业技术知识，还要有对学生完善的人格和学习能力的培养。学习新知识、新技术，更新知识结构以适应和提高职业、岗位的迁移能力。打破学科界限，本着强化能力、优化体系、合理组合、尊重认识规律、缩减课时的原则进行。不是考虑内容的系统性和完整性，而是突出课程的针对性、实用性、先进性和职业岗位（群）的适应性。

当今科学技术发展日新月异，高新技术产业化促进了企业的高新技术化，产生了越来越多的具有高技术含量的职业岗位，对这些职业岗位的劳动者的综合素质和专业技能提出了更高的要求。因此，高职院校的实践教学必须适应上述变化和新的要求，把职业素质的培养与岗位技能的培养放在同样重要的地位，这是现代化建设对高等职业教育外延及内涵扩展所提出的现实要求。

7. 地域性

在石油化工领域，高职院校应该根据当地石油化工产业的实际需求，制定相应的教学计划和课程设置，培养具备实际工作能力和专业知识的人才。石油化工企业在地方经济中扮演着重要的角色，因此，高职教育应与石油化工企业建立密切联系，制定适合企业需求的实践教学内容。例如，在油气勘探扩产领域，企业需要掌握一定的地质和勘探技能，在新能源领域，企业需要了解太阳能、风能、水能等新能源的利用和开发技术。因此，高职院校应该结合当地的石油化工产业实际，为学生提供针对性强的实践教学，帮助学生获得适应当地经济建设发展的技能和知识。

8. 持续性

在石油化工行业，实践教学是培养高水平人才的重要途径。石油化工是一个技术和实践相互结合的行业，因此，高等职业教育中的实践教学必须设计符合学生培养计划的目标，实现学生的真正能力提升。实践教学应该贯穿于整个教育阶段，需要依托先进的实验设备和实践场所，同时，还需要有专业的教师和企业专家进行指导。例如，针对石油化工领域的实践教学可以采用模拟实验、实习实训、典型案例研究等方式，通过实际操作让学生掌握石油化工行业的实践技能和应用能力。同时，实践教学应该在技能和知识的层次之间逐步深化，让学生理解和掌握知识的同时，还需要通过实践来巩固和提高自己的技能，这样才能真正培养出石油化工行业所需要的高水平人才，让他们能够迅速上手并在实际工作中发挥出应有的作用。

（二）石油化工专业实践教学体系的建设

1. 实践教学体系建设的指导思想

指导思想就是人在从事某项实践活动时，头脑中占有压倒优势的想法，进行此活动时将依照此想法去开展。在高职教育实践教学体系建设中，明确了指导思想，就能根据区域经济和行业发展需要，牢牢把握教学改革的方向、原则，培养出高素质技术技能型人才。

（1）建立以学生为中心的教学理念。学生是实践教学的主体，要建立以学生为中心的教学理念，在教学过程中充分发挥学生的主动性，为学生提供各种资源和条件，引导学生进行自主学习和协作探索，从而使学生更快乐地更积极地去学习。

（2）以就业为导向、以职业能力培养为主线。高职教育根本目标在于培养生产、服务、管理第一线需要的人才。高职教育实践教学的目标应以职业能力培养为主线，以职业基本素质、职业岗位能力和职业发展能力培养为模块进行构建，充分体现高职教育特点及石油化工专业岗位要求，组成一个层次分明、分工明确、实用性强、具有可操作性的实践教学体系，切实提高毕业生的职业能力，增强就业竞争力。

2. 实践教学体系建设的具体原则

（1）针对性原则。实践教学体系的建设必须紧紧围绕高职教育的专业培养目标和人才培养规格，贴近学生未来岗位（群）所需的知识结构和能力结构，针对培养目标和业务规格对学生所需要的实践技能的要求构建实践教学体系的总体框架，做到目的明确，既体现高等性，又体现职业性。

（2）系统性原则。实践教学体系的系统性是指整个实践教学过程要形成一个系统。从人才的全面素质培养和能力发展的要求出发，做到梯度化、层次化、阶段化；要符合从简单到复杂，从低级到高级，循序渐进的认识规律，使不同特点的实践教学内容环环相扣，有序地向纵深发展，注意各教学环节的相互配合、相互支撑和互相渗透，与教学内容和课程体系改革相适应，构成一个前后衔接、层次分明、内容合理的实践教学体系。

（3）实用性原则。在实践教学课程和内容的选择上，应根据社会需求和学生就业需要，充分体现"必需、够用"的职业理论，整合实践教学课程内容，优化实践教学内容体系。同时，建立相应的实践教学考核机制，对于职业技能的考核，一般按职业技能鉴定的方式进行，使考核方式体现职业性和实用性。

3.实践教学体系建设的构想与思路

（1）构建完善的实践性教学体系

在石油化工领域，职业教育主要是培养生产一线的技术型人才，让他们能够熟练掌握实际运用的技能和知识，进而提高企业的工作效率。实践教学在职业教育中占据着非常重要的地位，可以通过实际动手操作、生产实习、模拟实验等方式转化理论为实践，帮助学生培养实践能力和创新思维。因此，在制订高职实践教学计划时，应该根据石油化工专业的实际需求，强化实践性课程的设计和教学，注重实践能力的培养。高职院校应该加强与企业、科研机构和政府的合作，共同开发实践教学的课程和项目，让学生真实地感受到石油化工行业的实际工作环境和运作流程，从而提高他们的实际动手能力和工程素质，为石油化工行业的发展提供有力支持。

（2）科学合理地安排实践教学环节

在石油化工领域，科学合理地安排实践教学环节是十分重要的。实践性教学环节是学生培养实际技能和知识的非常重要的途径，也是检验学生综合素质的重要指标。在设计实践性教学环节时，应该根据石油化工专业的实际需要，科学合理地安排课时分配，保证实践训练的课时量。通常情况下，专业课中实践训练的时间应该占总课时的40%。除此之外，还需要兼顾理论与实践的结合，通过更多的生产实践去掌握所学到的技能和知识，让学生硬件和软件兼备，提高综合能力。同时，在实践教学环节中，注重课程教学内容的改革，通过鼓励学生思维创新、实验设计、技能操作等多种方式来培养学生的实践能力和综合素质。可以说，科学合理地安排实践教学环节对于石油化工行业的人才培养非常关键，能够帮助学生更好地掌握实际技能和知识，迅速适应石油化工行业的工作环境，为石油化工行业的发展做出贡献。

（3）改革实践教学的方法和手段

第一，采用多媒体的教学形式，增大学习的信息量。媒体技术可以生动地表达既抽象又无味的概念，激发学生的学习兴趣，并提高学习的信息量。在石油化工专业中，可以利用多媒体技术将石油化工的工艺流程、设备原理、化学反应模拟等通过形象化的方式呈现出来，让学生更好地理解和掌握专业知识。特别是对于一些复杂的工艺流程和化学反应，多媒体技术的应用可以让学生透彻了解工作流程、反应条件、化学物质的转化规律等，同时也可以减少学生在理论实验中的误差和失误，提高实验结果的准确性和可重复性。另外，多媒体教学还可以加大知识量，开阔学生视野，为学生提供更全面的学习体验。因此，采用多媒体教学的形式，不仅可以提高学生的学习兴趣，也能够提升学生的综合素质和实际操作能力，为石油化工行业的发展培养更多优秀的技术型人才。

第二，加强实验实训课的教学。在实验教学方面，学校应该减少验证性实验的比例，更新实验内容，为学生提供设计型、综合性、创新性的实验项目。这样做可以提高学生的探究精神和自主思考能力，促使他们将所学的知识和技能转化为实际应用的能力。同时，提高实验性课程实验数据的质量，保证实验成果的准确性和可重复性，让学生能够更好地掌握实际工作中所需要的技能和知识。实验课程教学应该注重石油化工实践技能、安全意识、工作流程和制度的学习，使学生能够更好地适应实际工作需要。通过不断地开拓和创新，强化实验实训课的教学可以帮助学生养成问题意识、创新意识，提高学生的实践能力和创新能力，为石油化工行业的发展培养更多的优秀技术型人才。

第三，借助计算机利用虚拟现实技术进行仿真教学。在石油化工领域，借助计算机利用虚拟现实技术进行仿真教学是一种重要的教学手段。这种教学方式可以通过计算机模拟施工、编程、加工过程以及故障检测等各个方面，让学生更深入地了解石油化工行业的工作过程，提高学生的实际操作能力和实践经验。相比传统的实验教学，计算机的虚拟现实技术可以轻松地构建真实的工作环境，模拟各种不同的情境，有助于学生掌握更多专业技能和应用知识。在石油化工领域，这种教学方法的优势尤为突出，因为石油化工行业的工作内容涵盖了很多实际操作技能，包括设备操作、化学反应、工艺流程控制等方面。通过虚拟现实技术的应用，可以大大提高学生的实际操作能力和专业素养，使他们更好地适应、掌握和应对石油化工行业的工作挑战。因此，借助计算机利用虚拟现实技术进行仿真教学，是提高学生综合素质的重要方式，也是适应石油化工行业快速发展的必由之路。

第四，校企结合，实践产学研是实现高职教学培养目标的重要途径。在石油化工领域，校企结合，实践产学研是培养高职教育人才的一种重要途径。校企结合和产学研协调发展有助于高职院校深化教育教学改革，提高教学质量，强化师资队伍，铸造金领人才，适应石油化工行业的需要。在校企合作中，高职院校能够借助企业的生产实践和现代管理经验，进一步优化教学内容、工作流程和教师队伍，拓展学生的实践机会，提高他们的实践能力和实际操作经验。同时，企业也可以从高职院校中获得人才培养和科技创新的支持，为企业自身的快速发展提供强有力的支持。产学研合作不仅有助于提高学生专业素质和实践能力，也能够促进产业发展和科技进步。在石油化工领域，校企合作可以搭建企业与学校之间的桥梁，开展共同研究，共同推进石油化工技术进步，促进人才培养的结构性转变，为石油化工行业的可持续发展作出贡献。因此，校企结合、实践产学研是实现高职教学培养目标的重要途径，有利于培养更多的高技术应用型人才。

（三）石油化工专业实践教学的管理体系

1.实践教学管理中的组织

管理人员一旦确定了组织的基本目标和方向，并制定了明确的实施计划和步骤之后，就必须通过组织职能为决策和计划的有效实施创造条件。组织职能是保证决策目标和计划有效落实的一种管理功能。

组织是为了达到某些特定目标，在分工合作基础上构成的人的集合体。组织作为人的集合体，不是简单的毫无关联的个人的加总，而是人们为了实现一定目的，有意识地协同劳动而产生的群体。可以发现我们周围被称为组织的群体，如某企业、某协会、某政府部门。这些组织从事的活动各不相同，但它们都有目的、有计划、有步骤地对个体行为进行协调，形成集体的行为。组织作为一个系统，一般具有五个要素。第一，人员。人既是组织中的管理者，又是组织中的被管理者，建立良好的人际关系，是建立组织系统的基本条件和要求。第二，岗位职务。明确每个人在系统中所处的位置以及相应的职务，便可形成一定的职务结构。第三，职责与权力。不同职务的人须承担不同的责任和行使不同的权力，以达到指挥、控制和协调的目的。第四，信息。管理组织内部与外部的联系，主要是信息联系。只有信息沟通，才能保证组织的有效运转。第五，目标。目标是构成组织不可缺少的要素，任何组织都是为了实现特定的目标，否则就不成其为组织。

组织的作用主要从三个方面探讨：第一，组织是帮助人类社会超越自身个体发展能力的重要支撑。组织存在的基础是生产的社会化。随着社会需求的日益复杂化、多样化，单纯依靠个人的力量无法满足这些需求，因此人们组成各类组织，在组织中统筹安排各种资源，以尽可能少的资源消耗取得最大的收益。当然，由于组织是人的集体，其作用大小差异较大。当组织高效有序运转时应维护组织的稳定性，当组织运转效率较低时应及时完善，加强领导与协调，使之更加富有成效地实现组织目标。但无论如何，组织的存在与发展显示了其在人类发展中的重要作用。第二，组织是实现管理目标的重要保证。组织的作用是由运转过程实现的。要创建一个有效的组织，只是集合一些人、分给他们职务是不够的。应该找到必要的人并把他们放在最能发挥作用的位置上。作为管理的基本职能，组织在组织管理中具有重要作用。

第三，组织是连接组织领导与员工、组织与环境的桥梁。组织实现有效领导的前提，是领导与员工的信息交流、情感交流。信息交流可使每个员工明确个人的权利与责任。借助于组织内部在合理分工基础上形成的权责分配关系，使组织成员有一个正式的信息联系渠道，可以了解运营中出现的问题，及时进行信息传递，保证问题的及时有效解决，避免矛盾与误解。

（1）实践教学管理中组织的任务

在高职的实践教学管理过程中，组织的职能就是将各种与实践教学活动有关的各种要素、各部门、各环节都有机地组合起来，使之形成一个相互协调的有机整体，以使整个实践教学活动有序进行。

第一，实践教学管理组织结构的设计。在石油化工领域，实践教学管理是培养高职学生实践能力的重要保障。实践教学管理的组织结构设计应该根据实践教学管理要达到的目标、任务、规模及所处的教学环境来确定实践教学管理的组织结构，设置管理职位，划分职权与职责，从而搭建有效的实践教学管理系统框架。在设计实践教学管理组织结构时，要注意三个方面。首先，必须以最大限度满足学生技能实训的需要为出发点，以学生的实践需求为中心，合理规划实践教学管理结构，提高学生的实践能力和实践经验。其次，校内生产性实训基地与实践教学管理部门要做到协调合作，通过校企合作和产学研合作等方式，充分利用石油化工实训资源，提高实践教学质量和实践教学管理效能。最后，在考虑学生实践教学需要的基础上，要考虑生产性实训基地具有全部企业或部分企业特点的现实，为其生产的正常运行提供条件，让学生能够参与市场竞争和实际工作，提高他们应对市场需求的能力。因此，在石油化工领域，实践教学管理的组织结构设计需要充分考虑实际情况和学生的实践需求，发挥校企合作的优势，构建高效的实践教学管理系统，实现教学和生产之间的良性互动和有机结合，为石油化工行业培养更多的高素质人才。

第二，实践教学组织系统的运行。在石油化工领域，实践教学组织系统的运行是保障高职院校实践教学质量和学生实践能力的重要基础。在实践教学管理过程中，必须使各种与实践教学活动有关的各要素如实践教学相关管理者、教师、学生、设备、实验室等；各部门如实践教学管理的职能部门、各系部、专业教研室、实训基地等；各环节如实践教学人财物的准备、实践教学的实施、监督检查等环节有机地组合起来，形成一个相互协调的有机整体。在实践教学组织系统的运行过程中，需要加强各要素之间的沟通协调，通过各项工作的联动与衔接，实现实践教学的全面管理。为此，一方面需要实现教学经费、师资力量、设备、管理制度等方面的整合与协调，使实践教学能够全面顺畅地开展，另一方面则需要建立健全的实践教学管理体系，强化实践教学过程中的各项管理职责和职能，在实践教学过程中进行有序的监督、审核和评估，定期对安全管理、设备维护、实验室管理、师资队伍培养等方面开展培训和交流，打造高品质的实践教学品牌。因此，在石油化工领域，高职院校需要优化实践教学组织系统，提高实践教学的管理水平和教学质量，培养更多高素质人才，满足石油化工行业高水平人才的需求。

一是制定实践教学管理的制度规范。在石油化工领域，制定实践教学管理的制度规范是高职院校实践教学管理的重要组成部分。制定制度规范的目的在于保证实践教学管理系统中各部门相关人员的工作任务、工作范围、工作权限、工作标准要求明确，便于工作与考核。制度规范针对不同的部门和职能，如教务部门、实训基地、师资队伍、设备维护等方面，明确各项任务和责任，确保实践教学管理的制度体系得到有效实施。教务部门在制度规范中起着重要作用，他们负责实践教学的组织、管理和协调工作，审查实践、实习教学方案、大纲；审查和协调全院的实习实训计划和经费预算；配合有关教学单位组织并推动实习实训前的各项准备工作；协助各教学单位开展实践基地建设，收集资料、组织经验交流；实地调查、了解实习工作状态和实践教学管理情况等。另外，在制定实践教学管理制度规范时，还要根据石油化工行业的实际需求和发展趋势，及时更新管理制度规范，针对新问题、新需求和新形势进行不断专业化、精细化的管理，提高实践教学的教学质量和实践能力，促进高水平应用技术人才的培养，为石油化工行业发展提供强有力的人才支撑。因此，在石油化工领域，制定实践教学管理的制度规范是高职院校实践教学管理中必不可少的一部分，有利于实践教学管理的规范化和制度化。

二是制定实践教学管理的工作流程。在石油化工领域，制定实践教学管理的工作流程是实践教学管理中的关键要素之一。实践教学管理的工作流程是指实现实践教学最终管理目标和工作任务的工作路径。它体现了各类工作任务间的顺序关系。这种顺序关系是由工作任务的特点和逻辑关系决定的。在实践教学管理中，制定实践教学管理的工作流程，有助于实践教学管理的系统化与规范化。例如，在实践教学中，指导教师需要根据教学进程、实践教学大纲的要求，填报实践教学计划，经教研室审核批准后，报系部审批。在实践教学开始前，实践教学指导教师应向学生讲解实践教学的目的、要求、任务、时间安排、步骤、安全注意事项和实践教学纪律等内容，让学生理解实践教学。

三是实践教学组织系统的调整。在石油化工领域，实践教学组织系统的调整是促进实践教学发展的重要手段之一。实践教学组织系统的调整是针对内部因素和外部因素的变化而进行的。例如，实践教学组织系统需要适应高职的专业结构、规模、实践教学的重点等因素的变化，也需要考虑院校管理体制等因素的变化。为了适应这种变化，就要对实践教学的组织从结构到职责、权限等做出相应的调整。实践教学组织人员也要不间断对实践教学进行巡视督察，注重收集学生的反馈意见，发现不良问题，及时调整解决。实践教学组织系统的调整有助于优化实践教学管理的运作方式，提升实践教学的管理效能和教学质量，为石油化工行业培养更多的高素质人才奠定坚实的基础。因此，在石油化工领域，高职院校需要不断关注实践教学组织系统的调整，及时调整和完善实践教学管理的制度体系，实现高效、规范、科学的实践教学管理，让实践教学真正发挥应有的作用。

（2）实践教学管理的组织结构

高职院校实践教学由校内实践和校外实践两部分构成。因此，其实践教学管理机构可分为校内实践教学管理机构和校外实践教学管理机构。不同的管理机构分管的工作任务不同，但其目的相同，都是保证人才培养工作的顺利开展。

校外实践教学管理机构由人才培养中心、员工培训中心、产品研发中心构成。企业与学校合作设立校企合作指导委员会，由人才培养中心、员工培训中心、产品研发中心构成。主要负责学生实习的安排、管理以及成绩考核，加强学校专职教师与企业兼职教师的培养，促进教师和企业技术人员共同完成技术研发，强化校企合作。

校内实践教学管理机构由学院决策层（分管教学的院长等）、教务处、师资培训中心、实训设备中心以及教学系部组成。分管教学的院长等决策层负责学院实践教学管理的整体工作的开展，进行宏观控制；教务处实践教学科负责实践教学的计划、组织和实施；师资培训中心负责教师的企业挂职锻炼，帮助"双师型"教师队伍成长；实训设备中心负责实训设备的购置、分配、维修等工作；教学系部是实践教学管理组织的基本单位，负责实践教学。

（3）实践教学管理组织结构应遵循的原则

第一，战略目标原则。组织结构的设计和行政机构的设置，必须有利于学校工作目标的实现和发展战略的完成。高职院校作为高等职业教育的实施机构，主要任务是贯彻落实党的教育方针，培养德智体全面发展的高技能应用型专门人才。而围绕这个总体目标，又可以分解出行政管理、教学管理、学生管理、经费保障、后勤服务等子目标，因而必须设置诸如办公室、教务处、学工处、财务处、后勤管理处等管理部门，规定他们在学校总的目标实现中应该承担的职能和完成的任务，形成一个有机整体，为学校目标的实现奠定组织基础。需要强调的是，高职院校由于培养目标的规定，使其与其他普通高校比较，更加强调学生培养方式上的校企合作，以及教学内容上的强化操作技能和动手能力。为突出高职办学特色，许多高职院校都设立了类似"校企合作办公室""实训教学管理办公室"等组织机构。

第二，有效性原则。有效性原则要求高职院校所建立的组织机构必须有较高的效率。行政管理组织的有效性具体表现为各行政机构有明确的职责范围，机构内部人员有明确的岗位职责，设计科学合理的办事流程，能节约人力和时间，有利于发挥教职工的聪明才智和工作积极性，能够以小的支出成本，实现学校的工作目标。有效性的关键是使校内每个部门和每个教职工的工作目标，都能和学校的总目标一致。

第三，分工协作原则。高职院校作为一个现代教育机构，其内部管理所涉专业纷繁复杂，工作千头万绪，既相对独立，又相互联系。要实现学校的工作目标，在管理机构设置方面，应贯彻分工协作的原则。所谓分工就是按照提高管理专业化程度和提高工作效率的要求，把学校总体的工作目标，分解成各个部门乃至各个工作人员的目标工作任务，使学校各个部门和每个教职工都了解在实现学校工作目标中自己所担负的职责和拥有的职权。但是，学校某一项具体工作，特别是一些重大项目的完成，往往需要几名工作人员，甚至几个职能部门合作才能完成，此时就必须强调协作。协作包括部门与部门之间的协作以及各部门内部的协作。为了避免出现推诿扯皮的现象，学校必须建立有效的部门间协调机制，常规性工作可由分管校领导组织协调，具体重大事项由校长办公会决策和协调，事关学校发展的重大问题由党委会决策和协调。

第四，责权一致原则。所谓责权一致，是指职责和职权保持一致。职责是指在学校某一部门或职工个人在某一岗位、担任某一职务应该承担的责任。一个学校，只有建立明确的责任分工，形成各负其责的责任体系，才能使全校上下左右得以沟通协调，从而保证学校的正常运转和工作目标的顺利完成。而职权是部门或职工在其职责范围内为完成其责任必须具有的权力，具体表现为决定权、指派权和审查权等。这些权力应该与部门或个人所负的责任相适应，对各个层级的机构或个人明确责任的同时，也要赋予其相应的权力，但是权力必须限制在责任范围内，既不能过大也不能过小，如果职责和职权不对等，就会影响管理部门和管理人员的责任心，降低工作效率。

第五，稳定与调整相结合的原则。由于学校工作发展战略具有连续性，学校具体工作也具有连贯性，为保证学校工作的正常开展以及教学工作秩序的稳定，学校行政机构设置不宜频繁调整，要保持一定的稳定性。但随着社会经济发展和市场环境的变化，高职院校的发展战略、工作任务和目标都会相应地发生变化，所以保持学校机构的稳定并不是一成不变的，而是保持一定的灵活性，随着学校战略和目标的变化而做出相应的调整。

第六，精干高效原则。高职院校作为人才培养机构，教育教学是其中心工作，而行政管理工作应该服从服务于这个中心工作。这就要求学校行政机构应该切实做到精干、高效。所谓精干高效，是指在保证完成学校工作目标所规定的工作任务和业务活动的前提下，力求减少管理层次，精简工作机构；精减人员，通过充分调动教职员工的积极性和创造性，提高工作效率和管理水平来更好地完成工作任务实现发展目标。

2. 实践教学管理体系的组成要素

石油化工专业实践教学管理机制组成要素既包括校外因素，也包括校内因素。实践教学管理体系既包括与实践教学有关的各级各类组织、机构与组成人员，也包括制约这些组织机构及人员行为的相关管理制度或规范。

第一，实践教学管理体系中政府的职责。高职院校的社会实习实践活动是学校与社会的合作，单靠院校自身的力量和努力很难做好做实，需要政府的协调与参与。政府应当利用自身的优势和条件，协助当地高职院校与社会企事业单位的合作，建立高质量、稳定的实习基地，提高实习质量。

第二，实践教学管理体系中管理人员的职责。实践教学管理体系的主体要素包括管理者、教师和学生等方面，这三大要素具有不同的职责。实践教学管理人员主要包括学院实践教学的职能管理部门的管理人员、各系部的教学管理人员和实训基地的管理人员三类。

一是学院实践教学的职能管理部门的管理人员。学院实践教学的职能管理部门的管理人员是代表学院对全院的实践教学进行宏观的总体规划与安排的，包括对实践教学总学时的要求，每学期各专业实践教学的具体安排，实践教学基地、实验室、实训室的建设规划，制定有关针对实践教学管理的制度，规范专业实践教学文件编制的具体要求，对各专业实践教学实施过程的服务、监督、管理，负责协调实践教学基地在接受学生实习实训等活动中的有关事项。

二是各系部的教学管理人员。各系部的教学管理人员是实践教学的一线管理者，负责组织本部门实践教学文件的研制，本部门实践教学任务的协调与落实，对本部门实践教学实施过程的服务、监督、管理，负责本部门所属的实习实训基地、实验室的建设、维护和管理，积极开拓校外实践基地，负责本部门学生实习实训的日常管理，维护良好的实践教学秩序。

三是实训基地的管理人员。实训基地的管理人员包括生产性实训基地的厂长经理及各级管理者、非生产性实训基地的各级管理人员等。他们的职责主要是维护实训基地的正常工作、生产秩序，保证设备的正常运行；依据教学计划接受，指导，管理相关专业学生的实习实训；对教师的有关实践教学活动、教学研究、技术开发与推广给予支持等。

第三，实践教学管理体系中教师的职责。教师主要是指从事实践教学的校内专职教师及校外兼职教师，也包括校内生产性实训基地的实践指导老师或技术人员。他们的主要职责是参与各种实践教学文件的研制；参与校内外实践教学基地、实验室的建设；根据学校实践教学的总体要求及有关教学安排，组织实施、指导、评价学生的各类实践教学活动，确保学生能够在校期间掌握相关技能。

第四，实践教学管理体系中学生的职责。学生的主要职责是根据专业教学计划的有关要求，在实践教学指导教师的指导下，完成各类实践教学活动，掌握相应技术等级的技能，接受教师对其参加的各类实践教学课程成绩及技能水平的评价，对学校及专业有关实践教学的管理与安排、实践教学的内容、质量、效果等提出意见、要求并进行综合评价。

3. 实践教学管理的机制分析

石油化工专业实践教学管理机制是为保证实践教学的进行所涉及的各级与实践教学相关的组织或机构、各利益相关主体之间为一个共同目标相互作用的关系体系。这个关系体系通过有关制度的制定和实施，规范体系内的相关利益主体的行为，确保高素质高技能人才这一培养目标的实现，同时也保障了整个管理体系的正常有序运转。

（1）教学管理机制的运行

教学管理机制的运行就是指在认识客观教育规律的基础上，自觉运用这些规律并相应采取各种调节手段调节整个学校教学运行的过程。所谓教育的客观规律大致包括以下两个方面：

第一，教育同社会发展的内在的本质关系，是从宏观上揭示教育同生产力发展和一定社会政治、经济、文化发展之间相互联系相互制约的规律，在高职教育中，学校与社会经济、政治、文化的关系密切，它不仅涉及学校专业的设置，还涉及如何培养的问题。因此，必须引起学校的高度重视。

第二，教育内部施教者同受教者间的内在的本质关系，是从微观上揭示教育者同教育对象身心发展之间相互联系相互制约的规律。教学管理机制的运行就是研究掌握这些规律的基础上，自觉运用各种手段适应规律，调节影响学校教学运行的各种要素之间的关系，使各要素的行为符合教育规律的过程。

（2）实践教学管理机制的建立

石油化工专业实践教学管理机制的建立是关系实践教学效率与质量的一个关键问题。管理机制的建立要以理念创新为先导。通过实训管理机制结构的调整，努力构建以学生为本、全面参与的激励机制、以自我管理与科学考评相结合的控制机制组成的双重机制。

第一，实训管理机制的转换。

一是管理机制的关键作用。实训是在教师指导下，在做中学的一种师生互动过程。在传统的教学中，这一过程完全在教师的直接管理和监督下进行的，学生并不深入了解实训的实际意义，毫无积极性可言，是在被管理、被监督条件下被动参与实训过程。这必然导致实训组织松散，效果较低。同时，由于采取教师对实训组织与管理工作全部包下来的方式，教师不堪重负，因此，在实际工作中常常疏于管理，组织不到位。要提高实训组织管理的实际效果，最根本的就是要转换实训的管理机制，这是提高实训质量的关键因素。

二是理念更新是机制转换的先导。要转换实训的管理机制，先要突破传统观念，更新理念。首先，从以教师为中心转变为以学生为中心。实训是做中学的典型形式。而"做"与"学"的主体是学生，所以，实训当然以学生为中心。实训在本质上是学生为了培养技能的实践活动，学生必须主动去做，并自我管理与控制。其次，从强制性的外在管控转变为以兴趣为核心的内在驱动。传统的教师管理监督，是一种外在的、行政式的管控，不利于学生积极性的调动。只有采用现代的、以调动学生积极性为核心的激励方式，才会使学生自愿参与，积极活动，才会在根本上提高实训质量。这种内在驱动的核心，是学生对实训活动的兴趣机制的作用。最后，从以知识为本位的终结式考试转变为以能力为本位的形成式考核与终结式考核相结合。在传统的实训考核中，由于技能的柔性化，知识测试仍占有重要地位，这种方式不但不能准确考核学生的真实技能，而且，会放松对学生实训过程的必要约束与控制，从而会严重影响实训的质量与效果。注重能力的考核，并将形成式考核与终结式考核相结合起来，就会较为准确地评价学生的真实能力，并实现对实训全过程的约束与控制，从而保证实训的质量与效果。

三是构建激励与控制双重管理机制。实践教学激励与控制双重管理机制，是指通过教学结构的调整，所形成的基于"以学生为中心"理念的有效激励、自主控制的结构、机理与功能。

第二，以学生为本、全面参与的激励机制。

一是将教学班转变为学习团队组织——模拟职业型组织。"学习型组织"理论强调现代组织是一个通过不断学习来提高生存和发展的能力的系统，是一种团队组织。团队管理理论主张从传统的"命令型"、垂直式管理组织转变到"民主型"、扁平式的团队管理组织，强调自主管理，沟通合作。适应实践教学的需要，打破教学班的唯一形式，尝试建立各种形式的团队学习组织，即各种与所学专业对应的模拟职业组织形式。主要做法是：经过竞聘产生各公司总经理，通过招聘与自愿组合的方式组建若干课程模拟公司，实践教学以公司为单位组织，各公司自主安排课外与校外各种专业性活动。

二是学生自主管理、全面参与。为最大限度地鼓励学生参与教学过程的设计与管理，实行"三同一轮"：课前师生共同设计与策划教学安排（将实训指导大纲发给学生）；课上师生共同组织实践活动（由学生模拟公司主持）；对实训成绩师生共同评价（以学生为主，教师为辅）；实行课程公司轮值主持制，即每一章都由一家轮值主席公司负责主持该章的教学与实践活动，并负责评定全班成绩。学生自主管理的团队学习促进了学生的全面参与、全员参与、深度参与。

三是运用多种形式激励学生参与实训积极性。按照美国心理学家赫茨伯格提出的"双因素论"，激励人工作最有效的因素是一些和工作本身相关的因素，即对工作本身感兴趣。运用到教学领域，调动学生实训积极性最有效的激励因素是使学生对实训本身感兴趣。

第三，以自我管理与科学考评相结合的控制机制。

一是精细严密的组织。实训活动鼓励学生自主管理与自我控制，绝不等于教师无所事事，恰恰相反，这需要教师付出更多的努力与筹划。教师的角色从台前走到台后，从直接控制转到间接控制，这就需要教师精心策划，严密组织，提供尽可能具体的指导与帮助，引导和支持学生更好地组织与控制实训教学。特别要抓好事前设计、师生共商、实施中引导、全程帮助等关键环节。

二是人性化教育与管理。鼓励学生自主管理与自我控制，也绝不等于教师完全放弃教育与管理。问题的关键是要放弃空洞说教和简单的行政式管理，取而代之的是要实施基于现代"以人为本"的人性化教育与管理。在实训教学中，教师要以平等身份，以沟通的手段，同学生进行广泛的互动与交流，启发诱导学生的自主、自律、自强意识，深入感悟职业意义与职业体验，增强训练技能自觉性，以开展有序、高效、高质量的实训教学。

三是以自我管理为核心的团队约束。团队管理的核心是自我管理，是靠成员角色的自律和团队成员之间的互律，以及整个团队的隐性规范、群体氛围、内在压力实现的。在实训过程中应充分重视与发挥学习团队的约束作用，实施内在的柔性化控制。要按照现代学习团队的要求建立模拟职业性组织，使其形成较强的内在凝聚力、先进的群体规范与氛围，进而形成各团队之间的良性竞争，以充分发挥团队的内在约束作用。要尽可能以模拟公司为单位组织实训活动，强化公司的组织者地位，以模拟公司为单位统计学习成果，定期公布，强化公司间竞争，并将各公司成果记入其成员的学习成绩中。

四是全程化、全员化、立体化考核。要构建全新的考核体系，突出学生的全员考核地位，突出全过程考核。首先，考核对象全程化。把学生实训的全部过程、每项实践都列入考核范围。课程评分结构为：平时 60 分（主要是实训成绩），期末 40 分（包括 30 分网上考试和 10 分口试）。其次，考核主体全员化。学生在实训过程中的考核，全部由全班同学或轮值主席公司的全体成员评估打分，每个人都有机会为全班同学打分。按照大数定律，实际考核成绩是基本合理的。最后，考核媒介立体化。主要有项目考核、操作考核、作业评定、现场评估、集体打分、网上考试、口试等多种形式。并实现考核手段计算机化。

二、石油化工专业实践教学体系的构建原则

根据系统论的要求，高职院校在构建石油化工专业实践教学体系时，要遵循以下原则。

（一）整体性原则

系统论的主要观点就是整体性，任何系统都是一个能够独立存在的有机整体，并且系统内的各个部分不是单纯的叠加组合，整体的功能大于各部分的功能之和，系统的整体功能是各要素单独无法具备的，而是经过组合之后具备的新特性。所以，正确理解系统要从整体的角度出发，将研究和处理的对象当作一个系统，对其中的构成要素，以及各要素之间的关系进行深入研究，从而提升系统的整体功能。

（二）关联性原则

系统的关联性就是指系统各要素之间、要素和系统之间、系统和环境之间的关系。这就体现了关联性不仅使系统内部各要素之间相互作用、相互制约，而且系统和外界环境之间也存在一定的关联性，从而保证了系统的开放性特征。同时，关联性也说明系统中的各要素无论是否可以独立存在，但是处于系统中才能充分发挥其价值，并且在系统中所处的位置不同，所呈现的价值也有所不同。关联性也延伸出系统倍增的概念，也就是系统内部的各元素通过相互合作，能够有效减小自身在独立状态下产生的负面效果，将内耗量降到最低，也同样可以激发各元素的积极作用，提高自身在系统中的作用和效能，从而扩大系统的整体功能，产生整体功能大于各元素功能之和的系统倍增效应。

所以，要充分理解和利用系统的关联性特征，在解决教学系统的问题时，

要将系统作为一个整体，而不能作为多个相互独立的模块进行逐个解决。深刻理解关联性的内涵，可以便于把握系统各要素之间的协同关系，将重点集中在各要素之间相互配合和补充上，从而充分发挥利用各要素的有利成分，减少各元素的负面影响，实现系统功能的最大化。

（三）层次性原则

层次性也称作等级性，一个系统包含多个层次和等级，而系统就成为一个由多层次组成的有机整体。构成系统的各元素单独来看也可作为一个系统，无论是规模较大的系统，还是规模较小的系统，都可以向下延伸，衍生出多个子系统，子系统又是由多个要素组成的。因此要素和系统的概念是相对的，也许上一层次的要素就是下一层次的系统。

教学过程也是一个具有层次性的系统，所以，相关学者针对教学过程做了层次性的分析。将教学过程看作包含四个层次的系统过程：第一过程就是学生从小学到大学毕业的整个受教育过程；第二过程就是一门学科的开始到结束的教学过程；第三过程是学科中一章或一个单元从开始到结束的教学过程；第四过程就是一章或一个单元中的一个知识点，从接触到领悟学会的教学过程。在每一层次的教学过程中，都包含了相同的元素，而这些元素通过整合形成了每一个完整系统的教学过程。如果系统的各元素之间，以及各要素和系统之间，进行了科学合理的划分层析，就可以扩大系统的功能。相反，如果系统的层次划分混乱、不合理，就会削减系统的功能。所以，针对教学系统的理解，要依据整体和层次的结构，分析各层次之间的关系，按照各要素的不同和整合方式的差异，将它们进行对比的分析和理解。同时，也要根据不同的层次特点，进行实践教学体系的设计，使各层次的地位和作用明晰，体现出一定的层次性和规律性。

（四）有序性原则

实践教学系统的有序性就是体现在系统内部的层次结构，以及各要素与外部环境之间的联系，只有稳定紧密的联系才能够形成层次分明的系统结构，形成有序的系统。从某种意义上来看，有序性也是系统层次性更加合理稳定，整个系统处于动态平衡状态的表现。有序性主要呈现为三种形式。第一种是横向有序性。也就是系统的各要素之间、各系统之间，以及系统和外部环境之间存在的联系。第二种是纵向有序性。从系统到子系统再到各元素之间，形成的纵向有序性。第三种是过程和动态有序性。系统内部的各要素，伴随容纳的信息量增加，以及组织化程度的提高，可以由低层次向高层次转化的动态发展过程。这种动态发展过程是随时变化的，根据信息量、所含内容、积聚的能量等不断发生变化，在打破平衡恢复平衡又打破平衡的不断调整的状态下，推动系统向更加稳定的方向发展。

　　教育系统要充分理解系统的有序化特征，立足于教育系统的组织性，从而构建兼具开放性和有序性的动态平衡系统。高职教育作为实践教学的特色教育阵地，与其他普通教育相比，其对社会和经济发展的敏感度更高，受外部环境的影响更大，所以，要跟随社会发展的大潮，及时发现调整与社会发展不和谐的部分，建立顺应时代发展、符合社会需求的教学体系。

（五）动态平衡性原则

　　由于系统要建立与外部环境的紧密联系，还要保持与内部各要素之间的动态平衡，所以，系统也处于不断变化发展的状态，根据时间的推移而发生变化，这就是系统的不确定性，也称作系统的动态性。很长时间以来，人们将知识的确定性作为推崇的对象，希望人们能够产生对世界恒久不变的正确认识，而此时的认知却来自脱离社会的理解空间，从该角度来看，知识具有确定性，而且真理是绝对永恒的真理。如果缺乏了确定性，科学就失去了意义，知识也丧失了基本的价值，更无法描述确定不变的教学内容。组成教学系统的各个要素，除了教学内容具有确定性，其他的包括教学的对象、程序、依据、方法、评价等都具有确定性。正是教学体系中的各个要素具有确定性，才能发现教学活动中隐藏的规律，学生和教师才能获取更多的知识。

但是，教学系统是处于社会环境中的，要受到来自社会发展和经济变化的影响，从而要根据社会和经济的变化及时调整整个系统，使其重新处于平衡状态。教学系统中的主体教师和学生，以及教学方法和模式、所处的教学环境等，都要随着外部环境的变化而改变。从而推动教师的教学水平不断提高，学生获取的知识更加丰富，教学方法和模式更加适应社会的需求，使整个教学系统通过打破平衡的状态，再逐步走向稳定的动态平衡，重新踏入新的平衡状态。职业教学系统的办学特色突出表现在服务于社会需求，社会需求随时改变，所以职业教学系统的动态性和不确定性表现得更加突出。职业教学不仅要紧密联系社会需求，紧随经济发展的步伐，从而调整产业结构，更新升级教学内容，优化教学环境，使其培养的人才更加符合社会的实际需求，打破封闭的平衡状态，构建与外界社会形成良好互动、共享的开放性体系，不断追求动态的平衡。

第二节　石油化工专业实践教学体系的构建思路与设想

构建石油化工技术专业实践教学体系的基本思路是重新梳理专业人才培养方案，调整课程体系，建立相对独立的实践教学体系；加强实验实训室建设，构建包含基本技能、专业技能、综合技能训练有机结合的实践教学场所；改革校内实验教学，减少演示性、验证性实验，增加有利于培养学生创新思维和综合技术运用能力的综合性实训；同时，"建立一批相对稳定的校外实习、实训基地，通过跟岗实习、顶岗实习等实现学生与企业零距离对接"。

实践教学体系是一个完整的动态体系，我们除了关注为具体教学任务而设计的某一次实践教学活动，更应该关注多次实践课之间的联系，需要在实际专业教学过程中根据教学效果、教学反馈做出及时调整。完整的石油化工技术专业实践教学体系至少包含实践教学目标、实践教学内容、实践教学资源、实践教学运行管理和实践教学评价五大要素，同时还要兼顾实践技能操作规范、选择与实践教学内容配套的教学方法等。

第一，构建实践教学目标体系。以石油化工企业岗位职业素养和职业技能培养为主线，以石油化工产品为载体，以模拟仿真为手段，教学全程融入职业素养教育，充分利用现代信息化技术，使教学过程对接企业生产过程，教学融入职业素养教育，构建"虚实结合，素能并重"的实践教学目标体系，努力培养学生成为合格的职业人。

第二，构建实践教学组织模式。考虑到石油化工行业的具体特点，在专业核心课程实践教学过程中引入石油化工相关生产工艺仿真软件，充分运用现代虚拟教育技术，建立仿真车间、仿真项目等虚拟教学环境，利用计算机进行设备操作、参数调节，模拟真实的化工操作，从而训练岗位技能，培养职业素养，形成"理论学习→仿真训练→岗位实操"能力逐级提升的教学组织模式。

第三，构建实践教学内容体系。按照专业人才培养目标，将本专业实践能力培养分为基本技能、专业技能、综合技能等模块，在教学过程中按照由基本能力到综合能力的进阶过程完成本专业实践技能的培养。

第四，构建实践教学评价体系。根据石油化工生产技术专业培养目标和就业要求，广泛吸纳行业企业专家的意见，通过校企紧密合作，形成由企业专家、院系教学督导、教师、学生、企业信息员共同组成的信息反馈网络，制定和完善石油化工生产技术专业校内、外教学评价标准。此外，通过多渠道信息反馈，使教学过程动态适应企业及社会的需求。评价由注重结果变为关注过程，随着教学质量内部保证体系的完善，评价将向以"诊断、改进"等发展性评价为主的方向发展。评价系统将包含贯穿事前、事中和事后评价的全过程，集预测性评价、形成性评价和终结性评价于一体，实时反馈，及时诊断和快速改进，保证实践教学目标能满足企业需求。

实践教学体系是一项复杂的系统工程，需要考虑的要素很多，同时它又是一个不断发展、更新的动态系统，在构建过程中要时刻以先进的理论为指导，以实证调研为依据，优化并完善实践教学体系，提升实践教学质量。我们结合石油化工行业特点，参照职业岗位任职要求，以职业技能训练、职业素质养成为主线，建立了"理论学习→仿真训练→岗位实操"能力逐级提升的"虚实结合，素能并重"的实践教学模式，将试图呈现出一个完整的、互促的实践教学体系。

第三节　石油化工专业实践教学体系的对策与建设

石油化工专业因其关系到国家石化事业的发展和国防建设，一直是高校中备受关注的专业。然而，随着经济的快速发展，石油化工行业也面临着挑战和机遇。在这种背景下，石油化工专业的实践教学体系显得尤为重要。因此，作为一个重要的实践性专业，石油化工在不断进步、发展的同时，也面临着许多实践教学方面的问题。首先，教学设备和实验室条件有限，对于满足实践教学的严格要求还存在困难。其次，传统的实践教学模式也无法适应当前行业技术发展的需要，教学方法和手段相对单一。最后，教师讲授的理论知识和实践操作联系不够紧密。这些问题严重制约着石油化工专业实践教学的质量和效果。以下探讨石油化工专业实践教学体系的对策与建议。

第一，改善教学设备和实验室条件。一流的设备和实验室是保障实践教学质量的重要条件。因此，学校应该投入更多的资金，加强对实验室条件的改善和设备的更新。同时，加强与企业的合作，借助于石油化工行业中先进的设备，让学生能够更好地融入工作实践中，加强实践操作能力。

第二，创新实践教学模式和手段。实践教学模式和手段需要与企业实际相结合，使学生在教学中能够体验到真实的生产环境和工作场所。因此，学校可以采取一些课程设计上的创新，如让学生参与到企业中的生产组织和管理工作，学生可以体验到实际的工作操作，并且从中得到更多的启发和启示。

第三，将实践教学内容与理论知识相结合。石油化工专业的实践教学需要与理论知识的联系更紧密。学校可以开设类似的课程，有计划地将理论课程和实践课程结合起来，让学生了解更多的理论知识，同时也帮助他们更好地理解实践操作中的技术要点。同时，也可以采用"案例式教学"等方式来培养学生的技术能力和实践经验。

第四，完善评估机制，提高实践教学的实效性。实践教学的目的是培养学生的实践技能和应用能力。因此，在实践教学中，学校也应该建立一个完善的评估机制，评价每个学生的实践操作能力。并且，学校也应该加强对实践环节的监督和管理，为学生的实践操作提供更多的指导和保障，从而提高实践教学的实际效果和质量。

第四节　石油化工专业实践教学体系的评估与质量监控

一、石油化工专业实践教学体系的评估

（一）实践教学基地建设评估概述

第一，评估的目的。石油化工专业实践教学基地评估是为了评估基地质量和发展情况，有助于促进高职院校石油化工专业实践教学的发展。评估的目的是总结经验，激励先进，引导实训基地建设方向。其中，石油化工专业实践教学基地的评估，能促进基地建设，以及改进和加速高职院校重点实践教学基地的建设。评估的结果可以通过树立典型带动整个高等职业教育的实践教学基地建设，促进实践教学条件的改善。石油化工专业实践教学基地评估内容包括高职院校实践教学基地的投资、师资队伍建设和教学设备管理等，

需要重点进行评价。通过交流可以相互学习，促进实践教学条件的改善。评估还可以建立起学校人才培养质量的自我保障体系，加强高职院校之间的联系、交流和学习，增强竞争力，激励高职院校创出特色。评估可以不断提高办学水平的自觉性，深化教育改革，为培养合格人才提供保证。

第二，评估的基本原则。评估的基本原则是根据已颁布的教育法规和教育部的有关文件所规定的内容进行，根据评估的目的、等级的不同，分别在教育部或地方政府教育主管部门领导下进行。评估要求全面和重点评估要相结合，包括条件、过程和成果评估，强化自我评估和外部评估相结合，规范性评估和创造性评估相结合，以及定性评估和定量评估相结合。评估要力求较准确地反映高职院校石油化工专业实践教学基地的实际情况，确保所得数据能够真实、全面、准确地反映实践教学基地的开展情况和办学质量。在评估的过程中，评估者需要严格按照评估标准和评估方法，对评估对象进行全面、客观、公正的评估。同时，评估者还需要秉持教育事业服务于国家和人民的信念，坚持选拔和培养德、智、体、美全面发展的高素质人才的要求，以研究促进高职院校石油化工专业实践教学质量的提高和发展为核心，力求使评估成为提升石油化工领域教育教学质量的重要手段和促进高职院校石油化工专业实践教学质量发展的有效途径。综上所述，评估是推动高等教育改革和发展的重要手段之一，在工程领域中如石油化工专业中发挥着至关重要的作用，对于实践教学基地的规范化管理和质量提升起到了不可替代的作用。

第三，评估的基本内容。石油化工专业实践教学体系的评估应该包含以下基本内容：实践教学基地的建设、实践教学基地教学保障及改革、校内外实践教学基地的管理、实践教学基地教学质量的考核、实践教学基地效益和社会评价及实践教学基地特色等方面的内容。一是评估应着重考虑实践教学基地的建设情况，包括基地的规划、选址、设计、建设和投入使用情况等方面，并对设施的齐全性、完善性、更新率和科学性进行评估。二是评估需要关注实践教学基地教学保障及改革，包括师资队伍建设、教材资源和实验设备保障、课程设置和教学管理等方面，并重视基地教学体系改革的质量和效果。三是评估需要关注校内外实践教学基地的管理情况，包括管理机构、管理制度、管理程序以及监督和评估制度等方面，保障实践教学基地的规范化管理和高效运行。四是评估还要考核实践教学基地的教学质量，包括教学内容、教学方法、教学效果以及教学管理等方面，从而推进实践教学体系的发展和提高。五是评估还需要评估实践教学基地的效益和社会评价，包括学生综合素养的提升和就业状况、产业发展贡献度、社会反响和评价等方面，为实践教学基地的进一步开展提供有益的参考。六是评估应着重发掘和挖掘实践教学基地的特色，包括在办学属性、教学内容、教学方法、社会服务等方面所具有的特色和优势，为石油化工专业的教育教学质量提升提供新的思路和方向。

（二）实践教学基地评估的步骤

实践教学基地的评估可分为自评和教育主管部门对重点实践教学基地的评估。一般都需要由实践教学基地先进行自评，写出自评报告。在此基础上再进行教育主管部门的评估。其步骤如下：

1. 下发专业评估通知

下发专业评估通知由评估组织者下发，主要内容包括以下方面：

（1）评估目的、评估时间和参加者。

（2）评估重点要求、步骤、方法。

（3）评估主要内容和评估主要指标量表。

（4）评估所需的资料。主要有：实践教学计划安排，教材，师资材料，实践考试的资料，毕业设计资料，实践教育基地设备和运行材料，用人单位对学生（特别是专业技能）的评价材料，毕业生就业后对所学专业实践培训的反馈意见等。

2. 被评估的实践教学基地做好准备

被评估的实践教学基地做的准备工作包括：成立由主管实践教学基地的

校长为组长的评估领导小组和评估办公室；由评估办公室分解评估二级条目（或指标），通知有关部门做好准备，收集材料（文字的和实物的），写好自评报告（包括自评打分的理由），进行整理、打印、复印、装订；准备好参加座谈会人员的名单及座谈会地点，设计好评估组考察参观程序，准备好评估汇报会场和会议议程。将学校自评报告（按规定的份数）和评估专家组来校评估的安排意见按规定事先上报，等待回复和批准。

3.评估专家组进校评估

（1）专家组首先听取学校对实践教学基地的情况汇报。汇报内容主要有以下几点。学校和实践教学基地的总体情况。职业能力分析情况，实践教学基地依据哪些岗位群需求而设立。理论教学和实践能力培养课时比例如何，实践教学计划、大纲是否齐备，进行多次修改原因是什么。学校实训教材的使用和编写情况，实践教学设计是否合理，是否吸收了新技术、新工艺、新材料。实践教学基地建设是否满足教学需求，是否有生产型设备和生产型环境。实践教学师资队伍的结构和具体组成，学历职称情况，有多少企业技术人员兼课，教师中"双师型"队伍情况，专业带头人和专业指导委员会情况。用人单位对毕业生动手能力、适应能力和发展潜力的评价，毕业生对实践课设置的意见和建议。实践教师科研成果和参加企业合作情况等。

（2）专家组听取汇报后仔细阅读评估资料和实物，并随时对被评估实践教学基地提出询问。

（3）参观考察。为了全面了解实验室和实践教学基地的建设情况，专家组需要进行参观考察。专家组会实地考察实验室、工业车间、生产线和实践教学基地的设施情况。资格审查和现场查看将有助于专家组了解当前的教学模式、工艺流程和技术水平，同时提供更好的了解在这一领域工作的团队和个人的机会。该考察将有助于专家组对目标区域的情况做出准确的评估，并提出有针对性的建议。

（4）召开座谈会，广泛听取意见。为了更深入地了解实习指导教师、学生对实践教学基地的看法，专家组需要召开座谈会，广泛听取意见。专家组会邀请实习指导教师、二年级和毕业班学生就实践教学基地建设情况、教学质量、管理服务等方面进行交流和讨论。通过听取各方的意见和建议，专家组可以了解实际情况，并对班级和实践教学基地提出完善的建议和改进措施。这样精准的反馈将为高职院校扩大学院的影响和提升教育教学质量提供有益的参考。

（5）专家组对实践教学基地情况认真分析归纳，统一思想，提出评估意见。评估意见既要肯定实践教学基地建设的成绩，特别是学校实践教学基地的特色应予充分的肯定和赞赏，又要实事求是地提出不足和具体改进意见。

（6）专业评估结果由教育主管部门行文下发至各校。专业评估的结果将由教育主管部门行文下发至高职院校，通知各校相关负责人。行文内容将详细介绍评估结果和建议，以及针对此次评估中发现的问题和改进方案。同时会要求高职院校及时采取相应的措施，加强管理、规范实践教学基地的建设，推进实践教学质量的提高。得到教育主管部门的认可和支持是高职院校提高教学质量和办学水平的重要保障，因此各高职院校负责人应认真对待专业评估结果，并及时整改和完善现存问题。

（三）实践教学体系的评估策略

在石油化工专业实践教学中，评估策略是确保实践教学质量和效果的关键环节，对于评估策略的制定和实施，学校和教师需要考虑以下方面：

第一，评估目标的明确。评估策略的制定需要根据实践教学的目标来确定评估指标和方法。石油化工专业实践教学的目标是培养学生的实践能力和创新能力，因此在评估指标的选择上，需要重点关注学生的实践操作能力、学习成果和团队合作能力等方面。

第二，评估内容的全面性。对于实践教学的评估内容，不仅需要关注学生的实践能力和成果，还需要考虑到教学过程中的教师评价和学生反馈等方面。因此，评估策略需要对课程设计、教学手段、实验操作、作业评分、学生反馈等方面进行评估。

第三，评估方法的多样性。评估策略需要采用多种不同的评估方法，以确保评估过程的客观性和全面性。评估方法可以包括考试、实验、作业、课堂互动、实践操作和调研等。

第四，评估结果的反馈与应用。评估完成后，需要将评估结果及时反馈给学生和教师，作为教学改进的依据。同时，评估结果也需要为学校制定和完善实践教学计划提供参考和依据。

第五，评估过程的监督和管理。评估策略的制定和实施需要进行监督和管理，教师和学校需要制定相应的评估流程和标准，建立评估机制，确保评估过程的严谨性和公正性。

综上所述，对于石油化工专业实践教学体系的评估策略，需要明确评估目标，全面评估教学内容，采用多样化的评估方法，及时反馈和应用评估结果，并进行监督和管理。通过科学的评估策略，可以确保实践教学质量和效果的提高，培养更多高素质的石油化工专业应用型人才，进一步推动行业技术的发展和进步。

二、石油化工专业实践教学体系的质量监控

（一）教学质量保证与监控体系概述

所谓教学质量保证与监控体系，就是一个以教学质量为保证与监控的对象，既有对教学过程的实时控制，又有对教学效果的反馈控制的完整的、闭环的系统。

1. 教学质量保证与监控体系的基本原则

（1）保证与监控的对象是教学质量。目前，高等教育的竞争是非常激烈的，这种竞争，本质上是人才培养质量的竞争。人才培养质量高，能够得到国家和社会的认可，学校就有生命力，就能生存并健康地发展；反之，学校

就会被淘汰，就无法生存。因此，教学质量是高职院校的生命线，提高教学质量是高等教育的永恒主题。在高等教育的发展中，不仅仅是办学规模（在校学生规模和专业数量）的扩大，还应该涵盖质量的提高，甚至还应该涵盖教育教学改革，使高等教育的规模、结构、质量与效益协调发展。

建立教学质量保证与监控体系，就是为了确保教学质量不断稳步提高。因此，这个体系保证与监控的对象，就是高职院校的教学质量，凡是与教学质量有关的因素与环节，都应该纳入保证与监控的范围。由于教学工作是高等学校经常性的中心工作，学校各个部门、各个方面的工作都会直接或间接地影响教学质量，都是影响教学质量的因素或环节。从这个意义上说，教学质量保证与监控体系必然会涉及学校的各个部门、各个工作环节。

需要指出的是，这里的监控主要是指教育教学系统以外对教育教学系统的行为，而保证主要是指教育教学系统内部的行为。但是，这里的内部与外部、监控与保证都是相对的。在一定条件下是内部，但是在另外一种条件下就又可能变成了外部。例如，对一所高职院校而言，国家、社会对它的教育教学质量的监测与控制都是外部行为，是一种监控，学校内部所进行的对教学质量的监测与控制则是内部行为，是一种保证。但是，在学校中，学校对各院系教育教学质量的监测与控制，又变成了一种外部的行为，变成了监控，而各院系自己进行的对教育教学质量的监测与控制，则是一种内部的行为，是一种保证。

为了使教育教学质量持续稳定地提高，对一所高职院校而言，外部的监控是必要的，否则很难形成高职院校的压力、动力和活力，高职院校要自觉地接受教育行政部门的检查与监督。但是，仅有外部的监控是远远不够的，是不能形成教育教学质量的良好运行机制的。这是因为外部不可能经常地、全面地监控学校教育教学工作的所有因素和环节。提高教育教学质量，归根结底要依靠学校的师生员工，依靠他们提高教育教学质量的内在愿望与积极性，形成一种有效的内部保证机制。从这个意义上说，内部的保证比外部的监控更加重要，外部监控是为了推动内部的保证，最终是为了可以不再进行外部监控。从这个意义上说，监控是为了不监控。

（2）实时控制。教育教学工作作为一种培养人的社会活动，其效果具有滞后性。学校培养出来的人才质量高低，往往要到若干年以后，通过他们的实践才能真正表现出来。因此，如果教育教学工作出现偏差，其损失与影响将会延伸到若干年以后。为了防止出现这种情况，必须对教育教学的过程进行有力的实时控制。如果一切都等到效果表现出来以后，再进行反馈控制，就可能给国家与社会、给受教育者造成无可挽回的损失和影响。这种实时的控制应该是有针对性、有预见性的，不能是主观的、盲目的，否则同样会给教育教学工作造成严重的甚至是无可挽回的损失。

实时控制不是通过纠正系统的输出（这里就是教育教学质量，或者是人才培养的质量）与目标之间的偏差进行控制的，而是在系统运行前和运行中根据目标的要求和系统可能出现的偏差，对系统进行人为干预与影响而实现的控制。为了保证实时控制的有效性，应该能对教育教学的效果进行科学的、尽可能准确的预见，实时控制应该建立在这种预见的基础之上。离开科学准确的预见，控制的措施就可能是错误的，从而会造成系统的输出更加偏离目标，甚至与控制者的愿望相违背。

可见，实时控制是教学质量保证与监控体系中必不可少的，但是控制的实施又应该是非常慎重的。控制者应该能很好地掌握教育教学规律，能熟知教育教学系统的构成和运行情况，并有较强的分析和预见的能力。

实时控制的对象包括教育教学目标、教育教学的输入（人财物的条件、精力的投入等）和教育教学的过程。

（3）反馈控制。反馈控制就是将系统的输出与系统预定的目标进行比较，找出输出对目标的偏差（即误差），再根据偏差的性质及大小进行调整与控制，通过控制使这种偏差达到最小。换言之，反馈控制实际上是一种通过纠偏来实现的系统控制。由此可见，在反馈控制系统中，由于有反馈的存在，系统不仅有由输入到输出的信息流，也有从输出到输入的信息流，这样，通过反馈使一个开环的系统变成了闭环的系统。

反馈控制的优点是可以使系统的输出与目标之间的误差尽可能地减小，减少的程度则由控制的精度决定，其缺点是不可能完全消除误差及其影响。因为如果系统的输出对目标没有误差，也就没有了能用来反馈和进行调控的误差信息了，反馈与调控也就不复存在了。尽管反馈控制系统的误差不可能完全被消除，但是，通过提高控制精度，可以使这种误差达到控制者的要求。正因为如此，系统理论认为，只要有反馈存在、使系统闭环，这个系统才有可能优化，开环的系统是不可能优化的。

当然，要求的控制精度越高，成本也就越高。因此，在系统的设计与运行中，对误差的要求，应该根据需要实事求是地确定，不要一味地追求高精度。

从反馈控制的这些特点可见，在教学质量保证与监控体系中，只有实时控制是不够的，还必须有反馈控制。因为只有有反馈控制，才能使系统的输出对于目标的偏离不超过允许的范围，也就是使目标得到较好的实现。反馈控制在教学质量保证与监控体系中的作用是，通过反馈，使教育教学系统形成闭环，使有效的调控能够实现，从而形成一种系统在教学质量方面自我约束、自我完善、自我保证的机制。换言之，教学质量的内部保证作用在很大程度上是要靠反馈来实现的。

（4）闭环系统。教学质量保证与监控体系和监控与保证的对象——教学工作系统都应该是闭环的系统，因为只有闭环的系统才有可能优化。系统闭环的关键是在系统中建立有效的信息反馈渠道，即不但要有从教学系统输入到输出的信息传输渠道，还必须有畅通、有效的从系统的输出到输入的信息传输渠道。如何建立这种渠道，留待后面再详细讨论。

2.教学质量保证与监控体系的构成

不同高职院校教学质量保证与监控体系的具体构成方式，可以而且应该是不同的，要能反映出不同学校教学工作的特色。但是，从教学质量保证与监控体系的定义及其功能来看，这个体系在宏观上应该由以下子系统构成。

（1）控制要素系统。控制要素系统就是教学质量保证与监控体系所要保证与监控的各要素的集合，也就是这个体系要保证与监控的对象。显然，与教学质量有关的各个方面的因素、各个环节都应该被纳入这个子系统。例如，学校的目标（包括人才培养目标和学校的总体目标）、教学资源的占有与有效利用情况（特别是教学资源的有效利用情况）、教学过程的设计与实施情况、教学效果（包括各个主要教学环节的教学效果、人才培养的整体质量、社会各界特别是用人单位对学校人才培养质量的反映与评价等），都是构成控制要素系统的要素。这些要素实际上就是学校教学工作的主要内容，大体上可以概括为在一定的办学指导思想指导下所从事的教学基本建设、教学改革和教学管理三个方面工作。

在构成控制要素系统时，要注意解决好两个问题。一是这个子系统应该尽可能全面地反映出影响教学质量的各个方面和各个环节的因素，不要有所遗漏，否则就不能有效地对教学质量进行保证和监控；二是要注意抓住影响教学质量的主要方面和主要环节，要突出重点，分清主次，防止眉毛胡子一把抓，把教学工作的所有方面和所有环节都纳入控制要素系统，都作为保证与监控的对象，否则，教学质量保证与监控体系就会变得非常庞大、非常复杂，不仅运行的成本高，甚至有可能难以有效地运行，无法达到教学质量保证与监控的目的。具体哪些方面、哪些环节应该纳入控制要素系统，要从学校的实际出发，在认真分析学校教学工作状况的基础上，经过深入的研究，找到影响本校教学质量的各个主要方面和主要教学环节，确定本校控制要素系统的构成。

（2）质量标准系统。建立健全教学质量保证与监控体系的目的是对教学质量进行保证与监控。要保证与监控教学质量，就必须有一整套教学质量的标准。特别是对反馈控制，系统将输出（即教学质量或人才培养质量）与表征系统目标的各种标准进行比较，找到效果对目标的偏差，并用这个偏差信息进行调控。没有这一整套教学质量的标准，就无从进行保证与监控。这一整套教学质量的标准，特别是各主要教学环节的质量标准的集合，构成了教学质量保证与监控体系的质量标准系统。此外，要正确地建立质量标准，必须首先建立科学、正确的质量观。大众化高等教育的质量观有以下三个要点：

第一，一所高职院校的教育教学质量要与它的目标相联系，在学校能确立符合经济与社会发展和受教育者作为人的全面发展需要的目标的前提下，很好地实现这个目标的，就是质量高。反之则是质量不高。离开目标谈质量是没有任何意义的。

第二，经济与社会的发展对于人才的需求是多种多样的，受教育者对接受高等教育的需要也是多种多样的。这就要求不同的高职院校应该根据这些不同的需求和自己在全国、本地区或本行业高等教育体系中的地位，特别是社会与受教育者对不同高职院校的不同需求，确立各自不同的目标。相应地，不同的高职院校也应该有不同的质量标准，即在大众化教育的条件下，应该逐步实现目标的多样化和质量标准的多元化。不同的高职院校不能追求一个相同的目标，国家与社会也不能用同一个标准去评价所有的高职院校。不仅对不同高职院校是这样，即使是在同一所高职院校内部，不同学科、不同专业的目标也应该是多样化的，相应地，质量标准也应该是多元化的。

第三，高职院校的质量标准应该由共性的标准和个性的标准两个部分构成。一方面不同的高职院校尽管有不同的、多元化的质量标准，但是，所有的高等学校，都要达到一个作为高等教育的最低限度的合格标准，达不到这个标准，就不能称之为高等学校，这就是高等教育的共性的、共同的、基本的质量标准。这个共性的、基本的质量标准是必须坚持、不能降低的。对重点建设的高校是这样，对一般的高校也是这样；对公办高校是这样，对民办高校也是这样。只有这样，才能确保我国高等教育的基本质量。另一方面，不同的高职院校的个性的、不同的质量标准则应该是建立在这个共性的质量标准之上的；不同的高等学校也应该在这个基础之上，建立具有自己个性的不同的质量标准。这些个性的、不同的质量标准，就是质量标准多元化的具体反映。

（3）统计、测量与评价系统。要进行教学质量的保证与监控，首先必须收集有关教学质量的各种信息、资料与数据，其手段就是教育统计与教育测量。在收集这些信息、资料与数据的基础上进行评价，才能掌握输出符合目标要求的程度。因此，在教学质量保证与监控体系中，还应该有统计、测量与评价系统。

教育统计、教育测量、教育评估（或评价）的有关概念，将在后面具体介绍。这里仅指出在构建统计、测量与评价系统时，不同的高等学校要从自身的实际出发，在分析哪些因素是影响本校教学质量的关键的基础上，确定要收集哪些信息、资料与数据，要开展哪些学校内部的教育评估或教学评价工作。所收集的信息、资料与数据要能反映出学校教育教学工作的基本状态，但是，又不能认为要收集的信息、资料与数据越多越好、越全越好，也不能认为开展的学校内部的教育评估或教学评价活动越多越好。只有突出了重点，抓住了关键和要害，才能进行有效的反馈与调控，使教学质量得到有效的保证与监控。否则，不仅达不到目的，还会因为工作量过大，使得这项工作难以坚持下去。

建立统计、测量与评价系统还要做到制度化，减少随意性。换言之，何时进行统计、测量与评价工作，通过统计与测量收集哪些信息、资料与数据，开展哪些评价，都应该制度化、规范化，这样通过数年的积累，就可以找到很多规律性的东西。在此基础上，每次可以根据学校要抓的重点工作或学校教育教学工作中存在的比较普遍、突出的问题，有选择地增加一些要收集的信息、资料与数据，开展一些非常规的评价活动，但这部分工作不可过多，要结合实际、突出重点、适可而止。

（4）组织系统。组织系统是教学质量保证与监控体系中直接参与教学工作、与教学质量有直接关系的组织机构的集合。具体地说哪些机构应该纳入组织系统，应该根据不同高职院校内部机构的设置与职能上的分工及教育教学工作运行的实际情况确定，主要有以下三个部分：

第一，学校应该有一个代表学校从事教学质量保证与监控工作的机构。这个机构可以单独设置，也可以利用现有的机构来承担这项工作任务。如有的学校设置了教学督导办公室、教学评价与建设办公室等机构，负责教学质量的保证与监控工作；也有的学校由教务处（或教务处下属的有关科室）或其他机构来负责教学质量的保证与监控工作。这些都是可以的，但是需要注意两个问题：一是无论是专门的机构，还是利用现有的机构，都要有专人负责这项工作，且从事这项工作的人员，既需要比较熟悉教学和教学管理工作，又要有比较高的水平和比较丰富的经验，但是这些同志一般应不直接参与教学管理工作，否则起不到应有的保证与监控作用；二是这个机构不仅要对教师的教学工作进行监控，也要对有关管理人员（其中主要是教学管理人员，包括学校分管教学工作的领导）的管理工作和学生的学习状况进行监控，做到监教、监管、监学（或说是督教、督管、督学）。

第二，直接从事教育教学工作的基层教学单位，如学院或系、部。这些基层单位直接从事教育教学工作，直接与教育教学质量有关，理所当然地应该对教育教学质量负责，也就应该进行教学质量的保证与监控工作，因此，应该纳入教学质量保证与监控体系的组织系统。

第三，与教学工作有着直接关系、对教学质量有直接影响的职能部门。对职能部门在教学工作中的作用，要改变那种只有教务处才应该对教学质量负责、与教学质量有直接关系，其他职能部门对教学质量不承担责任和与教学质量没有直接关系的错误认识。教务处固然首先要对教学质量负责，其工作水平高低与教学质量的好坏关系极为密切，但是，高等学校的根本任务和中心工作就是培养人才，在学校教育中培养人才最基本的、最主要的途径就是教学，教学工作是学校经常性的中心工作，各个部门的工作都要围绕着教学工作、围绕着培养人才、围绕着提高教学质量开展。当然，不同部门与教学质量的关系的直接性程度有所不同，但是应该说都有关系。对其中关系比较密切、直接的部门，如学生工作部门、师资管理部门等，都应该纳入教学质量保证与监控体系的组织系统中。

（5）保障系统。保障系统就是教学质量保证与监控体系中为教学工作（包括提高教学质量）提供条件保障的组织机构的集合。这个系统为教学工作的正常运行、为确保教学质量的持续稳定提高提供必要的人、财、物等基本条件，为教育教学工作创造良好的环境。在教学质量的保障条件中，当前要特别注意加强师资队伍的建设。师资队伍的整体素质与水平不适应高等教育事业发展和教学改革的需要，是比较普遍存在的问题，是学校教学质量提高的最大瓶颈，也是学校改革与发展的最大瓶颈。师资队伍建设仍然是这些学校的一个薄弱环节，需要下大力气做好师资队伍建设工作，国家与社会也要为高等学校的师资队伍建设创造良好的外部环境。

3. 教学质量保证与监控体系的环节

教学质量保证与监控体系建成以后，是如何运行的呢？各学校的具体运行方式可能也应该各不相同、各具特色，但是，大体上都应该包括目标的确定、主要教学环节质量标准的建立、统计与测量（即教学工作过程中信息、资料与数据的收集、整理与分析）、评价、反馈、调控六个工作环节。

（1）目标的确定。为了确保教育教学质量与学校目标相一致，建立健全的教学质量保证与监控体系至关重要。这一体系的最终目的是更好地实现学校的目标。确保学校目标的实现是评估教学质量保证与监控体系是否有效的重要指标。因此，在实施教学质量保证与监控体系时，首先需要确定学校的目标，包括办学目标、人才培养目标以及准确的定位。

第一，学校目标的确定必须充分体现科学的教育价值观。当前，教育价值观大体上有三种：一是将是否满足社会需求作为判断教育价值的唯一标准，即社会本位的教育价值观；二是将是否满足受教育者全面发展的需要作为判断教育价值的唯一标准，即人本位的教育价值观；三是将社会本位和人本位结合起来的教育价值观。因此，在进行教学质量保证与监控工作时，必须坚持这种全面的、科学的、合理的教育价值观。换言之，学校确定的目标，既要能适应经济与社会发展的需要，又要能适应受教育者作为人的全面发展的需要，包括其个性健康发展的需要。在高等教育大众化的条件下，要特别注意不同高职院校应该有自己不同的目标，既能适应经济与社会发展对本校特定的需要，又能适应受教育者的全面发展对本校特定的需要。换言之，在确定学校的目标时，要对学校进行准确的定位，并安于自己的定位，努力办出特色，办出水平。要防止片面追求相同的办学目标与人才培养目标，从而形成千校一面的局面，特别要注意防止盲目追求高档次、高目标。

第二，学校的目标应该是经过努力可以实现、也必须经过努力才能实现的，既不应该是不经过努力就可以轻而易举地实现的，也不应该是可望而不可即的"高目标"，只有这样，才能真正调动广大师生员工的积极性，共同为实现这个目标而努力奋斗。

第三，学校的目标不仅学校的领导要知道，而且要使全体师生员工，特别是广大教师和教学管理人员都知道，取得他们的认同，成为大多数师生员工的共识，并成为他们行动的指导。这样的目标，才是有意义的。为此，在确定学校目标的过程中，要充分发动广大师生员工，特别是广大教师和教学管理人员进行广泛深入的讨论，在这个基础上，总结、集中群众的智慧，最后确定学校的目标，绝不能由少数"笔杆子"闭门造车，离开广大师生员工去"制造"学校的目标。

（2）主要教学环节质量标准的建立。各主要教学环节质量标准的建立是构建教学质量保证与监控体系中的质量标准系统的一个重要环节。对于建立各主要教学环节质量标准的有关问题及需要注意的事项前已述及，这里不再重复。需要指出两点：各主要教学环节的质量标准最终要以教学管理文件的形式确定下来，作为全体师生员工共同遵循的准则；各主要教学环节的质量标准，既具有稳定性，又具有动态性，即在一个时期内，它应该是稳定的，不应随意变更，全体师生员工都应该遵守，同时，又需要根据经济与社会发展和受教育者对教育教学工作的要求的变化及教学改革的深化和教育教学工作的发展，及时加以修订和调整。

质量标准要在现代教育思想和改革创新的理念指导下建立，充分体现教育创新的要求。如果仍然沿用传统教育思想中不适应时代要求的陈旧的理念去指导我们建立质量标准，那么，这样的质量标准必然会束缚我们的头脑，制约我们的教学改革，最终不能真正达到提高教学质量的目的。

（3）统计与测量。进行教育统计与教育测量，是为了对教学工作过程中产生的各种信息、资料与数据进行收集、整理与分析，这是教学质量保证与监控工作的一个重要环节，也是整个教学质量保证与监控工作的基础。教育统计与教育测量都是事实判断的过程，即通过统计与测量，可以客观地描述教育教学工作的各种事实、各种特征与属性。

第一，所谓教育统计，就是用统计学的原理与方法研究教育中的事物，从中发现教育的规律。其最基本的方法就是用取样的方法对研究的对象（总体）进行取样，得到样本，研究如何得到样本的特征与属性，如何用样本的特征与属性来表征总体的特征与属性，并研究这样的表征具有多大的置信度。

第二，所谓教育测量，就是对教育的存在、特征与属性、运动发展规律做定量化的描述。在学校教育范畴内，教育测量的对象主要是学生的心理特性与精神特性。心理特性与精神特性是不能用仪器或量具直接测量的，而必须采用间接的测量方法，也就是由测量者通过一定的方法引起被测量者的反应，对反应的结果进行定量描述，并把它作为测量的结果。最常用的引起被测量者反应的方法就是考试。因此，在学校教育范畴内，教育测量理论主要是研究考试的理论与方法，可以简单地说就是考试理论，这是狭义的教育测量理论。在教育评估、教学评价和教学质量保证与监控中，通常把教育测量推广了：在测量的方法与手段的推广上，由单纯的考试推广到用多种多样的方法（如观察法、问卷法、座谈法等）进行测量；同时，由定量的测量推广到既有定量的测量，也有定性的测试。换言之，在教育评估、教学评价和教学质量保证与监控中所谓的教育测量，不是狭义的教育测量，而是广义的教育测量。

为了搞好教学质量保证与监控中的教育统计与教育测量，必须在科学理论指导下进行统计与测量。例如，对于统计，如何进行样本的选取，如何保证统计的时间、空间等口径的一致，采用怎样的统计方法，选取哪些统计数据和统计量数，统计数据如何处理等，都要在教育统计学的科学理论指导下进行。又如，对于测量，测量方法的选择，测量数据的收集、整理、统计与分析，测量结果的利用，测量结果的误差分析与处理，对测量质量的分析与评价及考试的改革等，也需要教育测量学的科学理论的指导。因此，教师和教学管理人员学习一些教育统计与教育测量的理论与方法是必要的。

（4）评价。建立教学质量保证与监控体系的最终目的是使学校的教学质量更好地实现学校的目标，这样，判断学校的目标是否恰当及教学质量是否实现了学校的目标就是必不可少的，这实际上正是教育评估和教学评价。因此，评价是教学质量保证与监控体系的一个至关重要的工作环节。

教育评估、教学评价就是对教育教学的社会价值进行的判断。教育教学作为一种以培养人才为目标的有计划、有组织的社会活动，必须满足社会的一定的需要，如政治、经济、科技、文化等的需要，满足这些需要的程度就分别是教育教学的政治、经济、科技、文化等的价值，所有这些价值的总和就是教育教学的社会价值。因此，教育教学的社会价值也可以简单地看作是它满足社会需要的程度，教育评估、教学评价也就可以简单地看作是对它满足社会需要程度的判断。可见，教育评估、教学评价的本质特征就是价值判断，它所要解决的不是客观地描述教育教学中的各种事实与特征、属性，而是解决评估或评价的主体与从事教育教学工作的评估或评价的客体之间的关系问题，即判断评估或评价的客体所从事的教育教学工作在多大程度上满足了评估或评价主体的需要。

既然教育评估、教学评价的本质特征是价值判断，显然评估或评价的标准就直接取决于评估或评价主体的价值观念和价值标准，不同的评估或评价主体在不同的历史时期，其价值观念、价值标准不同，评估或评价的标准也就不同。另外，在评估的实施中，评估主体是要通过评估者——专家考察时的专家组和学校自我评估时的被评估学校，其价值观念、价值标准和评估或评价的标准要通过评估者来掌握，即实际上的评估或评价标准还与评估者对主体价值观念、价值标准和评估或评价标准的掌握情况有直接关系。这表明评估和评价的标准具有主体性。

但是，一旦评估或评价主体确定了，评估或评价的历史时期也确定了，主体的价值观念、价值标准就客观地确定了，相应地，评估或评价的标准也就客观地确定了。即使是不同的评估或评价主体，或同一个评估或评价主体在不同的历史时期，价值观念、价值标准和评估或评价标准虽然有很多本质上的不同，特别是在阶级社会中反映教育的鲜明阶级性的那部分价值观念、价值标准和评估或评价标准会有本质上的不同，但是，也不可否认，也有着相通的部分，特别是反映教育的生产力属性（教育本身虽然不是生产力，但是它具有生产力的属性）的那一部分价值观念、价值标准和评估或评价标准会有更多的相通的部分，这部分相通的评估或评价标准也是客观存在的，这是人类精神文明在教育教学领域中的结晶。可见，教育评估、教学评价的标准也具有客观性。换言之，教育评估、教学评价的标准虽然具有主体性，但绝不是人们主观臆断的。由此可见，教育评估、教学评价的标准具有两重性，既具有主体性，同时也具有客观性。此外，教育评估、教学评价和教育统计、教育测量的本质特征是不同的，前者是价值判断，解决主、客体之间的关系问题，后者是事实判断，解决客观地描述教育教学活动中的事实和特征与属性的问题。不能把这两者混淆起来，有一种"测量就是评价"的观点，我们认为是不对的。对教育教学工作中的同一个事物，如果排除了误差的影响，不同的主体对其统计与测量的结果应该是相同的，即统计与测量的结果应该是客观地存在的。但是，不同的主体对其进行评估或评价，由于教育价值观与价值标准有可能是不同的，相应的评估或评价的标准也可能是不同的，那么，评估或评价的结果也就有可能是不同的，甚至是完全相反的。

但是，教育评估、教学评价和教育统计、教育测量也有着密切的联系。一般地说，事实判断总是价值判断的基础，只有弄清楚事物基本的事实，才能在此基础上按照一定的价值标准对该事物进行价值判断。同样的，教育统计、教育测量也是教育评估、教学评价的基础。只有通过教育统计和教育测量，弄清楚教育教学活动的基本事实和特征与属性，才能在此基础上，按照一定的教育价值观和价值标准进行教育评估和教学评价。

在教学质量保证和监控体系中开展的教育评估与教学评价，主要是学校内部的教育评估与教学评价活动。这种教育评估和教学评价活动，除了具有一般的价值判断作用外，还具有以下作用：掌握教育教学工作在多大程度上满足了社会与受教育者的需要；产生可供反馈的信息，建立教学系统中信息反馈的渠道，使教学系统由开环的变成闭环的，从而使教学系统有优化的可能；诊断教学工作，为改进教学工作、提高教学质量提供信息，也就是为调控提供信息；建立激励与竞争机制，调动广大师生员工提高教学质量的积极性。

为了使教育评估、教学评价在教学质量保证与监控中真正发挥这些作用，必须在科学理论的指导下，用科学的方法进行教育评估和教学评价。要科学地设计评估方案和评估指标体系，制定科学的评估标准，以正确地体现主体的价值观念和价值标准。要正确地处理硬评价与软评价之间的关系，在重视和不放弃必要与可能的硬评价的同时，更加重视并努力做好软评价。在评价中，要采用正确的统计与测量方法，以准确地收集教育教学工作的信息、资料与数据，并科学地进行整理和分析。要正确选择评价结果的输出方式，一般不宜采用简单的加权求和的方式输出教学评价的结果，它有掩盖作用及不利于评估客体调整与控制不健康的评估心理因素的缺点，可以采用模糊评判、等级状态方程等方法，分档输出评价结果。要建立一支高水平的专家队伍，这支专家队伍的成员，要有较高的学术水平和丰富的工作经验（包括其所从事的学科和教学管理的水平与经验）；要有敏锐的观察、分析问题的能力；要熟悉有关评估的理论和方法，掌握评估方案；要公平公正、无私无畏，能为帮助被评单位提高教学质量敢于直言，要一针见血、直奔主题，并热情地对被评单位提出改进教学工作的意见和建议。

为了确保评估或评价能在科学理论指导下进行，广大教师和教学管理人员学习一些关于高等教育评估的理论与方法是必要的，各高等学校加强评估理论与方法的研究也是必要的。由于现代评估理论形成的历史还比较短，还有许多不够成熟的问题有待进一步研究解决，特别是要借鉴西方的现代教育评估理论，建立符合我国国情和我国文化背景的、具有我国特色的高等教育评估理论与制度，加强这样的学习与研究，更具有重要的特殊意义。

（5）反馈。只有进行有效的反馈，通过反馈使系统由开环的变为闭环的，才有可能进行有效的调控，系统才有可能优化。因此，反馈是教学质量保证与监控中一个必不可少的工作环节。反馈在教学质量监控与保证体系中的作用是：使教学系统成为闭环的，从而使其优化成为可能；为调控奠定基础；帮助教师了解自己教学的情况，改进教学工作；帮助学生了解自己的学习情况，改进学习方法；帮助教学管理人员了解教学管理中的问题，改进教学管理工作。

为了进行有效的反馈，进而进行有效的调控，必须建立起畅通、有效反馈信息的收集渠道，要保证收集到的反馈信息有广泛的代表性，要能真实地反映教学工作的实际状态。最主要的反馈渠道就是通过评估和评价得到的信息。此外，还要从同行教师、学生、毕业生、用人单位和社会各界广泛收集信息。在这些渠道中，要特别重视来自学生和社会的信息。

在进行信息反馈时，特别是在对教师的信息反馈时，要坚持以人为本、与人为善，一定要充分尊重教师的人格，尊重教师的个人隐私权，要选择恰当的方式方法。有的学校将学生对教师的教学评价结果（包括分数、排名等）在全校或者在校园网上公开，我们认为这是不妥的。一般而言，这些信息应该只反馈给教师本人和相关的领导与管理人员。在反馈结果的同时，更应该反馈具体的问题（包括优点与缺点）和对改进工作的意见与建议，这样才能真正起到反馈应有的作用。这里也存在着一个现代管理理念的问题，在注重"管"的同时，要更加注意"理"，以通过管理真正理顺关系、理顺情绪，充分调动广大教师努力搞好教学工作、提高教学质量的积极性。

在评价与反馈中，特别要注意其主要目的是充分发挥诊断与改进的功能，减少其功利性。评价与反馈的主要目的应该是帮助教师、学生和教学管理人员改进教、改进学、改进管，而不应该是为了功利性的目的，如对有关人员进行待遇的调整、职务的升降、奖惩等。当然，对评价结果特别好的和特别差的，在进行了深入细致的分析的基础上，可以与待遇的调整、职务的升降、奖惩等适当挂钩，并借此形成一种竞争的机制，但是，这不应该是教学质量保证与监控的主要目的和着眼点，也不应该是评估、评价和反馈的主要目的和着眼点。

（6）调控。只有有效地进行调控，最后才能真正达到进行教学质量保证与监控的目的。因为只有进行了有效的调控，才能优化学校的目标，改进教学工作，更好地实现学校的目标，满足经济与社会的发展及受教育者全面发展的需要。如果不能进行有效的调控，就不能达到教学质量保证与监控的目的，建立教学质量保证与监控体系也就没有任何意义了。因此，调控也是教学质量保证与监控体系的一个重要的工作环节。

调控的内容包括：对学校目标的调整，使其更加符合经济与社会发展和受教育者作为人全面发展对学校的要求，使学校的人才培养目标更加符合学校的定位；教学资源的合理配置与充分有效的利用；教学过程设计与实施的改进（教学计划与教学大纲等基本教学文件的修订、教学基本建设的加强、教学改革的深化、教学管理的强化）、教师教与学生学的改进和其他各方面与教学质量有关的工作的改进、对教学效果与人才培养质量的分析等。

调控的手段主要有：通过教学工作会议讨论解决在教学质量保证与监控过程中发现的问题，修订有关的教学基本文件和教学管理文件并认真贯彻执行，树立典型引导改进工作和深化改革的方向，制定必要的政策（特别是必要的奖惩政策）进行引导并形成竞争的机制，调节对各基层院系的拨款、必要的行政手段等。

在调控中，要注意三个问题：一是调控要及时、要有针对性，发现问题要及时采取措施加以调控，不要等问题成堆、造成比较严重的后果以后再去解决；二是有的调控措施应该具有预见性，即根据预计可能出现的问题采取必要的调控措施，也就是进行必要的实时控制；三是调控措施的采取，特别是重大的调控措施的实施要慎重，要建立在对状态和问题的深入准确的分析基础之上，要防止调控中的盲目性和随意性，也要避免调控得过于频繁，否则会使教学系统出现失控，造成系统不稳定，这对于保证和提高教学质量是不利的。

（7）教学质量保证与监控体系的中心。上面分析了教学质量保证与监控体系的六个主要工作环节，其中评价（或评估）是这个体系的中心。这是因为，一方面，对教学质量进行保证与监控的根本目的是使教育教学工作更好地满足社会与受教育者的需要，是否达到了这个目的，只有通过评估或评价才能作出判断，所以评估或评价在教学质量保证与监控体系中确实处于一种特别重要的地位；另一方面，评估或评价总是根据一定的目标来进行的，总是要有一定的标准，总是要在经过统计与测量进行事实判断的基础上进行，通过评价或评估才能得到教育教学系统输出的比较全面的信息，从而使反馈和调控得以进行，即评估或评价把教学质量保证与监控体系中其他 5 个主要工作环节（目标的确定、质量标准的建立、统计与测量、反馈、调控）都联系起来，构成一个完整的体系。

（二）教学质量保证与监控体系的价值与意义

1. 教学质量——学校的生命线、高等教育的主题

一所高职院校的教育教学质量应该是和它的目标相联系的，由于高职院校为了实现社会对高等教育的多种需求和受教育者对高等教育的不同要求，它们的目标应该是多样化的，概括而言，它们的质量标准也应该是多样化的，但是，它们都必须达到国家对教育教学质量标准的要求。这个要求，是对高等教育教学质量的最基本的要求。任何一所高职院校，无论是怎样类型的高职院校，如果达不到这个基本要求，就不能称之为高职院校，也就不能得到国家和社会的认可。

在我国社会主义市场经济体制建立并日臻完善和高等教育规模以超常规速度发展的背景下，高职院校之间的竞争日益激烈。生源的竞争、教育资源和办学资金投入的竞争、就业市场的竞争、科技市场的竞争等均日益激烈，这些竞争归根结底都取决于人才培养质量的竞争。因此，大学的核心任务就是培养人才，如果培养的质量不够高，学校将无法生存，最终可能被淘汰。这也是"无教不立"的真正意义。

随着高等教育规模的扩大，越来越多的中学生，尤其是优秀生，进入大学的机会变得更多了。如果大学的人才培养质量不高，就很难吸引优秀生源，甚至可能导致生源短缺。同时，缺乏好的生源又会给人才培养带来更大的困难。此外，人才培养质量不佳，大学就很难从社会上吸收到更多的教育资源和经费。资金不足的问题将一直困扰学校的各项工作，同时也会进一步影响人才培养的质量。

高等教育规模的扩大也就意味着大学毕业生的数量也在增加。就业市场对毕业生的选择会变得更多，毕业生所在学校的声誉和其个人能力也会影响到他们的就业竞争力，这将会是一场激烈的竞争。人才培养质量不佳，大学就会在就业市场上失去竞争力，市场份额也将减少。这将直接影响学校的社会声誉，并进一步影响学校的生源和学校从社会吸收的教育资源、经费等。

因此，大学必须高度重视人才培养质量问题，并从各个方面入手，提高教学质量。只有这样，才能在激烈的市场竞争中占据一席之地，保持学校可持续发展的生命力。

另外，人才培养质量是一所学校综合实力作用的结果，也是学校综合实力的体现。因为高等教育与基础教育的一个根本区别，就在于高等教育（包括教学）必须有科研的含量。一所学校人才培养质量不高，也从一个很重要的侧面反映了这所高等学校科学研究的实力不强。例如，据考察，很多高职院校的毕业设计（论文）质量不高，一个重要原因就是教师的科研背景比较差，没有好的选题，也不能给予学生以有效的指导。学校的人才培养质量不高、科研实力不强，在科技市场就没有竞争力，争取不到高水平的课题，难以取得高水平的成果，难以形成有竞争力的科技产业。没有科研，教师的学术水平难以提高，教学内容也难以充实与更新，这又会进一步影响学校的人才培养质量。

由此可见，一所学校的教学质量，既可能形成良性循环，也可能形成恶性循环。一旦形成恶性循环，在激烈的竞争中学校将失去竞争的实力，甚至无法生存，总有一天会难以维持，会被社会淘汰。现在很多高职院校，特别是一些民办高职院校，都已经有了强烈的危机感。公办高职院校也应该居安思危，特别是一些目前生源、就业情况还比较好的高职院校，也要有这种危机感。因此，要真正认识到：教育教学质量是高等学校的生命线，努力提高教育教学质量是高等教育的永恒主题。高职院校要努力形成教育教学质量的良性循环机制。对于教育教学质量还存在着这样或那样的问题的学校，必须下决心努力解决存在的问题，花大力气抓教育教学质量建设工程，采取有效的措施，打破恶性循环，尽快形成良性循环。

在当前高等教育规模以超常规速度发展的条件下，高职院校一定要树立全面的教育发展观，坚持走以内涵为主的发展道路，不能认为一讲发展，就是扩大招生规模、扩大在校学生规模、增加专业数量。要认识到，高等教育的发展应该包括规模、结构、质量和效益四个方面，甚至还包括改革，要努力做到这四个方面协调发展。

总而言之，在扩大规模的同时，一定要紧紧抓住教育教学质量不放，要使教学投入的增加、教学条件的改善与教学规模的扩大同步进行，以确保基本教学质量并使之不断提高。在这方面，正面的经验和反面的教训都是不少的，值得我们吸取和借鉴。

2. 提升教学质量的关键——构建教学质量的运行机制

由于教学质量是高等教育的永恒主题，是高职院校的生命线，是高职院校永恒的课题；由于质量难以适应经济建设与社会发展和广大人民群众对高等教育的要求和加强质量管理、努力提高教学质量始终是一对尖锐的矛盾，正是这种矛盾和斗争促进了高等教育不断向前发展和高等教育教学质量不断提高。狠抓教学质量的管理，不仅具有长期的战略意义，在当前更具有十分重要的现实意义。

教育教学工作与一般的生产工作有很多不同的特点，因此教学质量管理与一般生产质量的管理也有很大的不同。

教育教学工作的主导是教师，教师的职业有一个重要的特点，除了研讨、集体备课、总结等，讲课、辅导、指导实践教学等各个教学环节都是要由教师个体来进行的，从某种意义上来看，教师是以个体劳动为主要形式的自由职业者。这样的职业特点，决定了教师的教学工作质量在很大程度上是取决于教师自身的要求和内在的积极性，而主要不是靠外在的各种压力和其他因素。因此，在教育教学质量的管理中，工作的重点和重心应该放在帮助教师强化质量意识、增强对提高教学质量的意义的认识，从而调动提高教学质量的内在要求和积极性，使其能自觉自愿地深化教学改革，大力改进教学工作，努力提高教学质量。在教育教学质量的管理中，制定必要的管理文件和规章制度并认真执行是应该的，对教师、教学管理人员违反规章制度进行必要的严肃处理也是应该的，但是，这既不是进行教学质量管理的出发点、目的和归宿，也不是教学质量管理的重点和重心。换言之，教学质量管理要更加强调"理"而不是"管"。所谓理，就是理顺关系、理顺情绪，充分调动广大教师和教学管理人员的积极性。提高教学质量绝不能靠单纯的管，更不能靠卡和压。

因此，如何真正做到把教学质量管理的工作重点和重心放在"理"而辅之以"管"，真正调动广大教师和教学管理人员提高教学质量的内在要求与积极性，其关键就在于建立起一种既有激励功能、又有约束功能的教学质量的良好运行机制，这种机制如同一部运转良好的机器，各个零件、各个部件互相有序地连接、啮合在一起，一旦启动就能各就其位、各尽其能、按部就班地运行起来。这样，整个教学系统就能正常地、良好地运转，产生高质量的输出。换言之，有了这种机制，教学系统中的所有的人员、所有的有关部门，都既能自我发展、自我完善，又能自我约束、自我保证。对他们来说，提高教学质量，不再只是外在的任务，不再是为了应付一种外在的要求和迫于某种压力而产生的行为，而是其内在的迫切要求和自觉的行动，从而使教学工作水平和人才培养质量得到切实的保证。

3. 形成良好的教学质量运行机制

建立符合校情的教学质量保证与监控体系是建立教学质量的良好运行机制的基本途径。既然提高教学质量的关键是建立教学质量的良好运行机制，由于这种机制要具有自我提高、自我发展、自我完善和自我约束、自我保证的功能，所以建立这种机制的基本途径就是建立符合校情的教学质量保证与监控体系。这是由于教学质量保证与监控体系，就是要在现代教育思想特别是大众化高等教育的质量观的指导下，通过目标的确定、各主要教学环节质量标准的制定、测量与统计、评估、反馈、调控等工作环节，达到对教学质量进行保证与监控的目的；这个体系既有来自外部的监控，又有内部的自我保证，这个自我保证的功能，与我们要建立的教学质量良好运行的机制所希望具有的功能是完全一致的。有了这个体系，具有自我提高、自我发展、自我完善和自我约束、自我保证的功能的，良好的教学质量运行机制也就随之建立起来了。这时，无论有没有来自外部的监控，学校的教学工作都能高质量地运行，都能得到必要的保证，外部的监控只是用来推进这种内部的自我保证，使其能坚持下去并不断完善、不断提高。

教学质量保证与监控体系及在此基础上形成的教学质量的良好运行机制，应该分级建立，国家、地方和高等学校都应该建立教学质量保证与监控体系和相应的机制。当然，各级教学质量保证与监控体系的具体任务不尽相同，应该有所分工、各自有所侧重，但是其基本的构成原则应该是大体相同的。

4.建立教学质量保证与监控体系的意义

建立教学质量保证与监控体系对于确保并不断提高我国高等教育教学工作的水平和人才培养的质量，具有重要的现实意义和深远的历史意义，具体表现在以下方面：

（1）高职院校必须保证为国家和社会培养高质量的合格人才的规定，使高等教育的永恒主题和高职院校的永恒课题与生命线是提高教学质量的命题落到实处，确保高职院校在激烈的竞争中能健康地发展，并具有竞争力。

（2）确保对高等教育教学工作地投入（包括人力、财力、物力等硬件的投入，更包括相应的软件的投入）得到切实的保证，使规模、结构、质量与效益协调发展的思想落到实处，使质量始终成为规模、结构、质量与效益协调发展的核心，防止对教学工作的投入不足和由此造成的教学质量滑坡。

（3）充分调动学校领导和全体师生员工，特别是广大教师和教学管理人员提高教学质量的内在积极性，形成教学质量的良好运行机制。

（4）形成教学工作的运行程序和质量标准，并成为全体师生员工共同遵循的准则。

（三）大众化高等教育条件下的质量观和质量标准

1.大众化是我国高等教育发展的必然趋势

教育的发展，从来都是与经济和社会的发展、与人们对受教育的要求的发展联系在一起的。经济与社会的发展和人们对受教育的要求的发展一方面给教育的发展提供了需要和可能。另一方面，教育的发展又必须适应经济与社会的发展和人们对受教育的要求的发展。高等教育也是这样。对高等教育而言，不仅要站在经济与社会发展的外围或边缘，被动地适应这种发展，还必须进入经济与社会发展的中心，能动地推动其发展。

随着经济的发展和社会的进步，高等教育由精英化教育阶段逐步转入大众化教育阶段，并进一步发展到普及化高等教育阶段，与国际上高等教育发展的趋势也是一致的，是符合高等教育发展规律和发展趋势的。只有这样，高等教育才能不仅简单地适应经济发展与社会进步的需要和人民群众接受高等教育的需要，而且能从经济发展与社会进步的外围或边缘走进中心，才能带动全民族文化水平和国民素质的提高，能动地推动经济发展与社会进步。换言之，高等教育由精英化教育转变为大众化教育，并进而转变为普及化高等教育，是经济发展与社会进步到一定程度后必然的发展趋势。

相应而言，高等学校的各项工作，包括对教学工作水平与人才培养质量的评估，都应该主动适应高等教育的发展，适应高等教育从精英化教育转变为大众化教育的新形势的需要。

2. 建立大众化教育条件下的质量观

在我国高等教育已经进入大众化阶段的条件下，必须建立与其相适应的质量观和质量标准，而其前提是，必须进一步转变教育思想，更新教育观念，建立大众化高等教育下的科学的、现代的教育思想与教育观念，并以之作为建立教育质量观和教育质量标准的指导和依据。

高等教育进入大众化阶段以后，教育质量观和教育质量标准发生了或将要发生以下变化：

（1）高等教育进入大众化阶段以后，一个重要的标志是高等教育的培养目标不再是单一的，而是多样的了。一方面，学校不仅要继续培养一批在国家的经济发展和社会进步中起中坚和骨干作用乃至对世界的经济与社会发展的起重要作用的拔尖人才，即人才金字塔上的顶尖人才，也要培养各条战线第一线工作岗位所需要的各种高级专门人才，其中既有从事研究、管理、开发等方面工作的人才，即所谓"白领"，也有从事实际工艺、技艺等方面工作的技术应用型人才，即所谓"高级蓝领"或"灰领"只有这样，才能适应经济发展与社会进步的需要，适应社会对高级专门人才更加多样化的需求。在经济发展的基础上，广大人民群众的物质生活水平有了很大的提高，必然要对文化生活提出更高的要求，包括对受教育的要求更加迫切了，要求接受高等教育的人越来越多了，而且要接受高等教育的目的也日益多元化。

（2）为了适应社会对高级专门人才需要的多样化和人民群众接受高等教育的目的的多元化，高等学校的目标（包括办学目标和人才培养目标）也必须是多样化的。不同的高等学校应该、也必须有不同的目标，有的学校就是要办成世界一流的大学，还应该坚持进行精英化教育；有的学校应该办成国内一流、在国际上有一定影响的学校，也应该坚持基本上进行精英化教育；有的学校应该办成在某些学科、某些领域带头的学校；有的学校应该办成既能培养高质量人才、又能出高水平成果的学校；有的学校就应该以本科教学为主、主要培养服务于区域经济发展和社会进步所需要（或行业发展所需要）的应用型人才；还有的学校就应该培养某些职业或职业群、某些岗位或岗位群所需要的职业技术人才等，这些将构成我国五彩斑斓的大众化高等教育体系。不仅不同的高等学校的目标应该是多样化的，即使是对同一所高等学校，不同院系、不同学科专业，由于学科基础、师资力量、办学条件、社会环境、服务面向等有可能是不同的，它们的目标也应该有可能是多样化的。

不同的高等学校，办学历史、文化传统、学科结构、教育资源、社会环境等各不相同，学校就应该根据社会与经济发展和受教育者的需要不同，以及自身的情况，特别是学校在国家和区域高等教育体系中的地位，确定自己的任务和服务方向，并根据这些主动地提出自己的目标，明确自己的定位，以适应社会对学校的需要、适应人民群众对学校的需要，并从自己的定位出发，努力办出水平，办出特色。要防止和克服盲目追求一个相同或相似的目标，盲目追求"高层次""高水平"的思想和做法，因为如果这样做，目标是无法实现的，学校也是办不好的，也就无法适应需要。

此外，由于在大众化高等教育的条件下，高等学校的目标是多样化的，不同高等学校的目标是不同的，因此其质量就必然是与它的目标相联系的。一所高等学校，在其目标正确的前提下，学校只要很好地实现了自己的目标，也就很好地满足了社会的需要、满足了受教育者的需要，它的质量也就是高的。反之，学校设定的目标不合理或不够合理，或者虽然设定的目标是合理的，但是没有能够很好地实现或没有实现既定的目标，它的质量就是比较差或是差的。离开学校的目标谈质量，是没有任何意义的。

既然一所学校的教育教学质量是与它的目标相联系的，而高等学校的目标又是多样化的，不同高职院校的目标是各不相同的，那么显然，不同的高职院校在进行教学质量保证与监控工作时，以及国家和社会在对不同高职院校进行质量的评价时，标准也应该是不同的。对于这所学校适用的质量标准，对另外一所学校未必也是适用的。换言之，在大众化的高等教育条件下，高等教育教学质量的标准应该是多元化的。同样，即使是在同一所学校中，不同的院系、不同的学科专业，由于其目标有可能是不同的，其质量标准也应该有可能是不同的。试图用一个评估方案、一个指标体系和一个相同的标准去评价所有的高等学校是不恰当的，在理论上是错误的，因为它违背了教育教学质量标准多元化的规律；在实践上则是有害的，因为这样做的结果是必然会引导所有的学校都去追求同一个目标，都去按照一个相同的模式去办学，其结果是千校一面，都办不出特色、办不出水平，难以切实满足社会和受教育者对高等教育多种多样的需求。这样的教育教学质量不可能是高的。这就要求教育行政部门在对高等学校进行教育教学质量的评估时，必须坚持分类指导的原则。要使能主动提出适应社会与受教育者需要的目标，并能很好地实现的学校，都能获得同样好的评价，只有这样，才能鼓励不同的学校，安于自己的定位，在自己的定位上努力实现自己的目标，实实在在地提高教育教学工作的水平和人才培养的质量。

怎样体现高等教育的教学质量与学校的目标相联系呢？这就要求学校在教育教学资源的占有与利用，特别是对教育教学资源的有效利用（指学校现有的资源能在人才培养中得到积极调动和充分利用社会上的资源为学校的人才培养工作服务，实现资源共享）及对教学过程的设计及其实施方面，能确实保证学校所设定的目标的实现（当然，这是需要得到国家和社会的认可的），以及学校的教学效果和人才培养质量也确实实现了学校所设定的目标。换言之，学校在设定的目标合理的前提下，要努力提高教育教学资源占有与有效利用及教育教学过程的设计与实施和学校所设定的目标之间的符合度，努力提高教学效果和人才培养质量与学校所设定的目标之间的符合度。加上前已述及的学校要努力提高自己所设定的目标与社会需求和受教育者需要的符合度，就是学校要努力提高的三个符合度。凡是三个符合度高的学校，教育教学质量就是高的；符合度比较高的学校，就是教育教学质量比较高的；基本上符合的学校，就是教育教学质量合格的；符合度比较低的学校，甚至基本上不符合的，就是教育教学质量不高的，或者说是不合格的。

概括而言，对各学校的评估，包括对其教育教学质量的评估，归根结底就是对学校的这三个符合度高低的评估。从这个意义上讲，对不同学校教育教学工作的评估又是可以接轨的。如果采用无指标评估（如准则评估），则是可以使用相同或大体相同的评估方案的。

尽管在大众化高等教育的条件下，学校的目标应该是多样化的，相应的质量标准就应该是多元化的，但是不同的学校也应该有一个共同的（或者说是基本的、共性的）质量标准。这个质量标准，就是我国国家与社会可以认可的质量标准，它是高等教育教学质量最低的合格标准，任何一所学校，都必须达到这个标准，否则就不能称其为合格的高等学校，它所从事的教育就不能称其为名副其实的高等教育，就不能得到国家和社会的认可。任何一所高等学校，达不到共性的标准是不行的，将得不到国家和社会的认可，甚至是无法生存的；同样地，任何一所高等学校，也必须制定并达到个性的质量标准，否则就谈不上真正的高质量。可见，这两部分质量标准，对于任何一所高等学校，都是必不可少的。其中个性的标准只是反映了不同学校的不同的目标定位和不同的服务面向，并没有高低贵贱之分。

综上所述，大众化高等教育条件下的质量观有三个要点：一是在高等教育大众化的条件下，教育教学质量必须与目标相联系，离开目标谈教育教学质量是没有意义的；二是在高等教育大众化的条件下，高等学校的目标应该是多样化的，相应的教育教学质量的标准也应该是多元化的；三是在高等教育大众化的条件下，高等学校的教育教学质量是由共性的质量标准和个性的质量标准两个部分组成的，这两部分都是必不可少的。

3. 大众化高等教育条件下的质量标准

大众化高等教育条件下的质量标准特点就是没有一个对所有高等学校都适用的统一的质量标准。这是由于不同高等学校的目标是不同的，所以与其相联系的质量标准也应该是不同的。但是，一方面，所有高等学校应该有着共性的质量标准，这一部分质量标准是相同的；另一方面，按照不同高等学校的目标定位和所承担的人才培养任务的不同，大体上可以将它们分为几类，每一类高等学校的质量标准应该是大体上相同的。

（1）高等学校专科教育教学质量的合格标准应该体现在以下方面：①学生要有合理的知识、能力与素质结构；②要有以必需和够用为度的基础理论与基本知识；③要能比较熟练地掌握本专业所必要的基本技能和基本方法；④要掌握本职业群（或岗位群）应具备的职业道德；⑤要有从事本专业实际工作的比较强的实践能力和创新精神。各学校应该根据这几个方面，制定更加细化的、便于操作与检查的标准。在此基础上，不同的学校还应该根据自己的目标定位和服务面向，制定个性的质量标准，它应该高于、至少不能低于共性的质量标准，并具有学校的特色。

（2）对国家重点建设并以世界一流为目标的高等学校和要建成在国际上有重要影响在国内一流的高等学校，在其质量标准中，应该更加突出以下四点：①更加强调学生要系统掌握扎实的基础理论和基本知识；②更加强调学生创新意识、创新精神的培养和创新思维方法的训练，更加强调学生要早期参加科学研究工作，以训练其科学研究和从事创造性工作的初步能力；③更加强调学生知识的宽泛性，以提高学生毕业以后的适应能力；④更加注重学生综合素质的全面养成，以形成其更加健全的人格。

当然，这两类高等学校的质量标准，还应该各自有所侧重和程度上的差别。此外，要达到这些标准，还应该要求这些高等学校能在教育思想的改革和教育观念的更新、在教育教学改革等方面引领方向。对以本科教育为主、以培养第一线应用人才为目标的一般高等学校，在其质量标准中，应该更加突出三点：①不要强求理论知识的系统性和完整性，但是要注意理论知识的学习要有利于学生应用理论解决实际问题能力的提高；②要特别重视实践教学环节，加强学生实践能力的培养；③注意学生安心第一线工作和艰苦奋斗的思想与精神的培养与教育。

对高等专科学校和高等职业技术院校，则要特别注意对学生职业技能的训练及与职业技能相关知识的传授，因此，对理论知识的学习要注意掌握好其深广度，真正做到以必需和够用为度，特别要加强实验、实习、实训等有关职业技能训练的教学环节，还要注意加强职业道德的教育。

（3）各类高等学校在确定质量标准时，要注意以下问题：第一，需加强对不同层次学生培养质量的规定与要求。目前并不是所有人都对该法规的要求形成了统一看法。考察了一些本科教育为主，以培养应用型人才为主的地方工科高等学校后发现，它们所开设的实验大多是验证性实验，缺乏综合型和设计型实验。此外，教学方法往往是千篇一律、传统老旧，而学生仅仅按照教师的指示完成实验，缺乏自我探索、分析，甚至无法发现问题和解决问题。教师过度倚赖学生被动接收，没有真正开放空间让学生自主实践和探索。当我们向该类高校指出这种教育模式难以培养学生的创新精神和实践能力时，他们认为，培养创新精神是国家重点建设的高等学校的任务，地方工科高等学校面临学生资源、条件和师资水平的困难，不可能培养学生的创新精神，培养学生创新精神也不是这类高等学校的任务，这是一项要求过于严苛的要求。

第二，要注意目标的有限性与阶段性，不要提出不切实际的、无法达到的要求。特别是国家重点建设并以建成世界一流高等学校为目标和要建成在国际上有重要影响在国内一流的高等学校，要尤其注意这个问题。

（4）不同的高等学校，有着不同的质量标准，但是，不能简单地、错误地认为这些不同的质量标准有高低贵贱之分，实际上它反映了社会及受教育者对高等教育的不同需求。因此，不能简单地把一流的高等学校的质量标准降低一些作为一般高等学校和高等专科学校及高等职业技术学校的质量标准。

（四）建立教学质量保证与监控体系的具体要求

前面讨论了教学质量保证与监控体系的基本概念、建立教学质量保证与监控体系的目的与意义和大众化高等教育条件下的质量观与质量标准。对建立教学质量保证与监控体系的具体要求如下。

1.符合教育教学规律

教育教学工作必须符合教育教学规律，否则将遭遇挫折和损失。教育教学的成功在于遵循一些规律和原则，使教学活动在正确的指导下得以顺利进行。这些规律和原则管理着教育教学的各个环节，包括教学设计，教学内容，教学方法和教学评估等。只有在正确的教育教学规律下，教育工作才能实现其既定的目标，才能够为社会培养出更多的优秀人才。

教育的外部规律要求教育适应经济与社会发展的需要，特别是适应社会主义现代化建设的需要。现代化建设离不开知识、技能和创新，而这些都跟教育有着密切的联系。教育必须适应经济和社会发展的需要，紧跟时代发展的步伐，培养出更多具备适应未来社会需求的人才。教育必须快速适应社会发展的需要，不断创新教育教学方法，引领人才培养方向，推动教育现代化建设。

教育教学与市场经济体制是不同领域的事物，具有各自不同的规律，不能混淆管理方法。教育是为了培养人，而市场经济则追求最高利润。教育的最本质区别在于追求最高的社会效益，而不是经济利益。教育中所涉及的一切应该以教育本身的价值为核心，而不是为了牟取企业利润。管理教育的方式应该与市场经济和企业管理的方式区分开来，不能用市场的手段管理和评价教育教学质量。

教育的内部规律要求教育遵循人的成长规律，实现受教育者的全面发展。人是教育的核心，教育教学活动旨在培养全面发展的人。教育的内部规律要求教育遵循人的成长规律，注重发展受教育者的潜力和特点，从而实现其全面发展。教育应该逐步满足个人成长的需求，让每个人都可以实现自我的发展，成为一个全面发展的人。

内部规律要适应外部规律、服从外部规律，因为教育最终要为经济与社会发展服务，培养人成为社会的一员。教育和社会发展是相互联系和相互依存的。教育的使命在于服务社会发展，培养人成为社会的一员。教育要适应社会和经济发展的需要，使人才能够发挥其最大潜力。教育必须紧跟时代步伐，注重应用型人才的培养，推出适应社会发展的人才。

2. 符合现代教育思想

建立教学质量保证与监控体系的第二个基本要求是符合现代教育思想。教育思想是对于培养怎样的人和怎样培养人的总体的看法，是对教育的理性认识。教育指导思想、教育观念和教育理论是教育思想的表现形态，与教育思想是不同层次的概念。任何一个教育工作者和教育机构都有着自己的教育思想和教育观念。因此，作为教育质量保证与监控的要求之一，我们应该自觉地学习现代教育思想和观念，并将其贯穿于教育教学改革的始终。

现代教育思想的核心在于以学生为中心，关注培养学生的综合素质和创新能力。与传统教育思想相比，现代教育思想更加注重培养学生的主动学习能力和问题解决能力，强调个性化教育和多元评价。教育观念的更新与教育实践的创新相辅相成，只有将现代教育思想融入教学设计和教育管理中，才能真正提升教育的质量和效果。

教育观念的更新不仅仅是对教育内容和方法的改变，更是对教育目标和价值观念的转变。现代社会对人才的需求已经发生了深刻的变化，培养具备创新思维、合作精神和跨文化交流能力的人才成为当务之急。因此，教育观念的更新需要注重培养学生的创新意识、团队合作能力和全球视野，引导学生积极参与社会实践和全球交流。

教育观念的转变需要从教育工作者和教育机构的内部推动，也需要社会各界的支持和参与。教育工作者应该具备开放的思维和批判性的精神，不断学习和更新自己的教育观念，积极探索适应现代教育需求的教学方法和评价方式。教育机构应该创造良好的教育环境和管理机制，为教育工作者提供支持和激励，促进他们的专业发展和创新实践。

要使教学质量保证与监控体系符合现代教育思想和教育观念，需要注意以下问题：

（1）以人为本的管理思想是现代管理理论的重要组成部分，它强调注重调动被管理者的自主性和积极性，以建立良好的教学质量运行机制。为了实现这一目标，需要树立以下关键点。

首先，建立教学质量保证与监控体系是关键。这个体系应当包括明确的教学目标、科学的教学方法和评价标准。通过制定明确的教学目标，教师和学生能够明确工作重点，实现高效教学。科学的教学方法可以提高学生的学习效果，而评价标准可以用来客观评估教学质量并及时进行调整。

其次，促进教师和学生的积极性和自主性是重要的。教师是教育教学活动的主导和主体，应该被赋予充分的自主权，可以根据学生的特点和需求灵活调整教学方法和内容。学生也应该被鼓励发挥自己的积极性，参与到教学活动中，主动探索和学习。

再次，教师和学生应被视为教育教学活动的主导和主体。这意味着他们应该被看作是合作伙伴而不是被管理的对象，更不能将他们视为敌对关系。教师应该成为学生学习的引导者和榜样，为学生提供必要的支持和指导。学生则应主动参与学习，发挥自己的主观能动性。

最后，不以奖惩为目的是关键。管理者应该避免以奖惩作为主要手段来影响教师和学生的行为。相反，应该通过激发他们的内在动力和兴趣，以及提供必要的支持和资源来推动他们的发展。

（2）要树立科学的教学观、质量观和人才观，以培养全面发展的人才。

首先，人才不仅仅是掌握大量知识，还需要具备能力和素质。高等教育应该注重培养学生的能力，包括实践能力、科研能力、自主获取知识和信息能力以及组织与社交能力。这些能力的培养可以使学生更好地适应社会需求和发展。

其次，人才应具备全面的素质，特别是人文素质和健康的心理素质。教育应该注重培养学生的人文素质，包括道德品质、文化修养和社会责任感。同时，学生的心理素质也需要得到重视，包括积极乐观的心态、自信和适应能力等。

从次，人才应具备创新精神和实践能力。随着社会的不断发展，需要具备创新能力的人才来推动社会进步。教育应该培养学生的创新思维和实践能力，使他们能够应对未来的挑战和机遇。

最后，教育教学质量的衡量标准应该包括人才是否适应社会需求、全面协调地发展以及是否具有健康的个性。这意味着教育应该培养具有综合素质的人才，而不仅仅是追求知识和成绩的单一标准。

在教学工作中，应该坚持培养德、智、体全面发展的人才，以及多样化的人才。这意味着教育应该注重培养学生的道德品质、知识和技能的全面发展，同时也要尊重学生的个性差异，鼓励多样化的发展路径。

综上所述，树立以人为本的管理思想和科学的教学观、质量观和人才观是提高教育教学质量的重要途径。通过注重调动被管理者的自主性和积极性，建立良好的教学质量运行机制，培养全面发展的人才，可以促进教育事业的健康发展和社会进步。

此外，需要加强学生心理素质的教育与培养，使学生真正做到心理健康。心理不健康，是当今学生中存在的一个比较突出的严重问题。近年来，不少高等学校中出现了个别年轻人的心理不够健康，存在着心理疾病，难以承受在当前社会上激烈的竞争带来的心理和精神的压力等现象。因此，这种情况虽然是个别的，但是反映出来的问题确实是严重的，需要引起我们的高度关注和重视，采取切实的措施加强心理健康教育、心理咨询和心理治疗，使我们培养的人才不仅有健康的身体，还要有能承受各种压力的健康心理。心理健康，应该成为教育教学质量的重要标准之一。

（3）要建立符合现代教育思想的质量标准。符合现代教育思想的质量标准，表现在许多方面，例如，好教师的标准，高水平的课堂教学质量标准，高质量的实验的质量标准，有效的实习的质量标准，优质的毕业设计（论文或其他毕业环节）的质量标准，好的教学方法的标准，好学生的标准等。教育思想不同，相应的质量标准就不同。例如，在评价一个教师的时候，按照传统的教育思想，往往认为勤奋的教师就是好教师，但是，按照现代教育思想，仅仅勤奋还远不是一个好的教师，好的教师还应该有建改革与创新的意识，能积极投身教学改革，通过改革努力培养学生的创新精神与实践能力。又如，对教师课堂教学质量的评价，学按照传统的教育思想，在课堂上能讲得清楚，教师把要讲的内容掰开了、揉碎了甚至嚼烂了教给学生，学生课堂上都能听懂、课后就能做作业的课堂教学质量是高的。但是，按照现代教育思想，这样的课堂教学质量是不够高的，因为这样的课堂教学质量充其量只能达到向学生传授（甚至是灌输）知识的目标，是无法培养学生的能力和素质的，好的课堂系教学，应该给学生留有思考的空间和余地，因此有意把一些知识讲得不是那么清楚、那么明白，而是让学生自己去思考、去研究、去探讨。再如，按照传统的教育思想，教师在辅导答疑中，对学生态度好，有问必答、解答清楚的教师就是好教师。但是，按照现代教育思想，这样的教师并不能看作是好教师，一个好的教师，应该能根据不同的学生及所提的不同问题的特点，有区别地、有针对性地进行答疑，如对有的学生或有的问题，可能会耐心地、详细地予以解答，而对有的学生或有的问题，则只回答一部分，其余部分要学生自己去解决；对有的学生或有的问题则不去回答，而是让学生自己思考，甚至对某些学生或某些问题，不做正面的回答，而是反问学生一些问题，然后再让学生去思考，通过这样的区别对待，达到启迪学生思考、贯彻因材施教的目的。

此外，对实验课的评价也是如此，有不同的教育思想，就有不同的质量标准，按照传统的教育思想，实验指导书写得很详细，实验前把实验目的、实验内容、实验步骤、仪器设备的操作方法、要注意的事项都能讲得清清楚楚、明明白白，实验中学生遇到问题，能热心地帮助甚至代替学生解决，实验出现故障代替学生排除，以使学生在规定的时间内能顺利地完成实验任务，这样的实验就是好的实验。但是，按照现代教育思想，这样的实验是不够好的实验，因为这样的实验教学始终是附属于理论教学的，充其量只能起到验证所学理论的目的，是无法培养学生的创新精神与实践能力的，这样的实验，使得从一年级到四年级，可能涉及的知识是由浅入深地发展了，但是从培养学生的创新精神与实践能力的目标要求来看，始终是低水平的重复。只有在实验中启发学生自己动脑动手，自己通过实验观察现象、分析问题、解决问题甚至发现问题，这样的实验才是好的实验，因此，在实验中，要尽量减少教师的包办代替，尽量减少那种验证性的实验，要提倡学生自己设计实验，提倡为学生多开一些综合性实验，提倡学生自拟题目开展实验。总之，教育思想不同，质量标准就不同。因此，在开展教学质量保证与监控工作时，一定要建立符合现代教育思想的质量标准，努力克服传统教育思想的影响与束缚。

3. 符合大众化教育条件

教育思想、教育观念都具有鲜明的时代特征。时代不同，教育思想不同，教育观念也不同。同样的，时代不同，教育质量观也不同，精英化高等教育时代和大众化高等教育时代的教育质量观是不同的。现在，我国已经实现了从精英化高等教育向大众化高等教育的转变，并正在进一步向普及化的高等教育发展，一些经济、社会发达的省市已经初步实现了普及化的高等教育。这样，在进行教学质量保证与监控工作时，特别是在确定学校的目标和建立各个主要教学环节的质量标准时，也必须与时俱进，必须符合大众化高等教育条件下的教育质量观，而不能再继续简单地沿用精英化高等教育条件下的教育质量观。

对于大众化高等教育条件下教育质量观的内涵与要点，前面的章节已经做了比较详细的阐述，这里就不再重复了，只是需要特别强调，要注意目标的多样化和质量标准的多元化。

4. 符合校情

建立教学质量保证与监控体系时，确保其符合学校的校情是非常重要的。

（1）设定明确的目标与指标：根据学校的使命和愿景，制定与学校定位相符的教学目标与指标。这些目标与指标应该与学校的个性和特点相匹配，反映学校的核心价值观和教育理念。

（2）定制评估工具与方法：根据学校的特点和个性，制定适合学校的评估工具与方法。可以考虑使用定制化的问卷调查、教学观察、学生作品评价等方式，以获得更准确的数据和信息。

（3）重视校内专家的参与：充分利用学校内部的专业人才和教育专家。他们可以根据学校的个性和校情提供宝贵的意见和建议，并参与教学质量的监控和评估过程。

（4）强调多元化评价：教学质量的评估不应仅仅依靠单一的指标或测试结果。要采用多元化的评价方式，包括学生表现评估、同行评审、学生和家长的反馈等，以全面了解教学质量的情况。

（5）建立持续改进机制：教学质量保证与监控体系应该是一个动态的过程，需要不断进行监测和评估，并根据评估结果进行改进。建立反馈机制，及时收集和整合各方面的意见和建议，并采取有效的措施来提高教学质量。

（6）鼓励教师专业发展：教师是教学质量的核心，学校的个性和校情应该体现在教师的专业发展计划中。提供有针对性的培训和支持，鼓励教师参与教学研究和创新实践，以提高他们的专业水平和教学效果。

（7）建立有效的沟通机制：与教师、学生、家长和其他利益相关者之间建立积极有效的沟通机制，促进信息的交流和共享。这样可以更好地了解他们对教学质量的看法和需求，并及时采取措施进行改进。

5.具有可操作性

具有可操作性是确保教学质量保证与监控体系有效运行的基本要求。系统应该设计得可以被实际操作，以便顺利运行并达到预期的效果。教学质量保证与监控体系需要在完善性与操作性之间取得平衡。这意味着系统应该尽可能完善，涵盖并反映教学质量的各个方面，同时也要便于操作，能够长期发挥作用，形成长效机制。构建教学质量保证与监控体系时必须科学进行。体系的构建应该符合教育教学规律、现代教育思想以及学校实际情况，只有这样才能确保其具备可操作性，并能够提高教学质量。

此外，教学质量保证与监控体系应力求清晰简易。体系的设计应该避免过于复杂，使其易于理解和操作。这样能够方便教师和其他相关人员有效地运用该体系，从而提升教学质量。

（1）恰当选择保证与监控的对象。重点关注对教学质量影响最大、最关键的环节与因素。通过提升这些环节与因素的质量，能够促进整体教学质量的提高。这样做不仅能确保教学质量体系不过于庞大复杂，还能够使其持续运行并取得实效。

（2）质量标准要简易明确。高等学校面临着不断提升教学质量的任务，同时需要制定清晰的质量标准来衡量教学效果。因此，需要关注那些主要影响教学质量的教学环节，例如课堂教学、成绩考核、实验、实习、毕业设计等。这些环节对于学生的综合素质发展具有重要的影响，并且对于学生未来的职业道路也有着不可忽视的作用。因此，需要制定清晰、简明的质量标准，引导学校在教学中更有目的、更有效地开展各项教学环节。对于课堂教学环节，需要明确教师在教学中的职责，如规定教师需要在何种程度上对所教学科的现状及最新发展水平有了解，并坚持将其纳入课堂教学内容。此外，对于学生的参与度和讲解效果等也需要开展实际量化衡量，主要包括以下方面：

第一，对于成绩考核环节，需要规范考核机制，如制定合理的评分标准，确保对于学生的成绩评定准确无误，数量化数据量清晰明了。对于实验、实习环节，需要建立完善的实验室和实习基地，提供良好的实践环境和实践资源，确保学生能够全面实践所学知识，培养学生实践能力和解决问题的能力。

第二，对于毕业设计环节，需要确保学生能够全面地运用所学知识，将其应用到实际中去，并且设计出创新性的方案和成果，为学生未来的职业发展提供支持。

第三，学校需要加强对于教学质量的监管和评估，建立听取学生意见的机制，及时调整教学计划和改进教学效果，以不断提升教学质量。

（3）收集、整理与分析的信息应简单明确，能够反映教学质量的基本状况，并与主要环节和因素密切相关。应避免收集过多的信息，内容应相对稳定，避免频繁变动。这样可以确保信息的有效性和操作的可行性。

（4）学校内部的教育评估和教学评价是教学质量保证与监控体系的核心。在选择评估的客体和对象时，需要恰当把握，不宜过多，以避免工作量过大和评估泛滥。可以选择学校二级单位的教学工作评估、专业评估、教师的教学质量评估等几项评估工作，以确保评估的全面性和有效性。

（5）建立教学质量保证与监控体系需要形成全校师生员工的共识，并制度化为教学管理文件。每个单位、部门和个人都应了解自己在体系中的地位、工作任务和质量标准，以使保证与提高教学质量成为大家自觉的共同行动。需要避免将体系变成少数人对多数人的监督和控制，以确保体系的效果和可行性。

在构建教学质量保证与监控体系时，可以采取分步骤的方法。首先构建科学的框架，然后逐步完善和运行其中的一部分，通过总结经验来解决完善与可操作性之间的矛盾。不要试图一步到位，而是通过渐进的方式逐步建立和完善体系，确保其可行性和有效性。

第四章　石油化工专业实践课程体系的构建

第一节　石油化工专业的核心课程标准分析

石油化工专业的核心课程标准通常包括以下方面。

第一，石油化工基础知识。石油化工基础知识的涵盖面很广，其中包括了一些研究原油的基本化学特性、在炼制过程中的操作原理和化学工程领域的知识等，这些知识既为学生的进一步学习和研究奠定了基础，也为学生未来从事与石油化工产业相关的工作提供了重要的支撑。因此，石油化工基础知识的学习是石油化工专业学生的必备，也是石油化工产业发展人才的重要标志。

第二，石油化工分离工艺。在石油化工分离工艺的学习中，学生将接触到很多分离方法，如蒸馏、萃取、吸收、凝固、析出等。这些方法通常通过不同的物理或化学原理来进行分离。比如，蒸馏法通过原油中各组分的沸点差异来实现分离，萃取法通过萃取剂来实现分离。此外，学生还需要了解分离方法的应用范围和效率等方面的知识。石油化工分离工艺的学习为石油化工产业人才的培养提供了重要的基础和技能。通过学习分离工艺的相关知识，学生可以具备理论和实践操作等方面的能力，从而为石油化工产业的进一步发展提供有力的支撑。

第三，石油化工反应工艺。在石油化工反应工艺的学习中，学生将了解各种化学反应的原理，以及如何根据反应原理和反应条件来设计适合的反应器和反应过程。石油化工反应工艺的学习涉及很多的反应类型，如聚合反应、裂化反应、加氢反应等。并且，学生还需要了解如何优化反应温度、压力等参数，以进一步提高效率。在这方面的学习中，实践教学是非常重要的。学生需要参加实验室工作或者工程实践，通过实践了解工业化反应的具体过程，同时也锻炼自己的分析和解决问题的能力。总之，石油化工反应工艺是石油化工专业中的重要分支，其学习为学生未来从事相关职业提供了重要的理论和实践技能支持。

第四，石油化工设备与仪表。在石油化工设备学习中，学生将学习设备和仪表的原理和组成，包括反应器、分离塔、换热器、容器等，以及各种传感器、控制器等仪表。此外，学生还需要了解设备和仪器的运行和维护，包括故障排除和维修。在学习中，实践探究是非常重要的。学生需要加入实验室或实习实践中，通过与设备和仪表进行实际操作来提升自己。此外，学生们还应该学习设备和仪表在生产过程中的应用，并能够对其进行维修和更换。在这个领域中，实践经验和技能的积累对学生的职业生涯发展至关重要。总之，学生在石油化工设备和仪表领域的学习将会为未来从事相关工作的人才提供必要的技能和知识支持。

第五，石油化工安全与环保。石油化工生产过程中的危险因素多样，因此学生需要学习安全生产与环境保护方面的知识和技能，包括安全标准和规范、安全措施、应急预案等内容。在学习中，学生将了解工作场所可能出现的危险，如化学品、高温、高压、爆炸、火灾等，学习如何采取措施保障安全、防火、防爆、防毒、救援等。此外，学生还需要了解生产过程对环境的影响和如何减少污染，以及如何处理产生的危险废物。在石油化工安全生产和环境保护方面的学习需要结合实践，通过参与安全培训、现场考核等方式，加强对工作场所安全、环境保护等方面的了解和掌握。此外，学生需要学习如何在紧急情况下处理突发事件，并进行应急预案制定和执行等方面的工作。总之，石油化工领域的安全生产和环境保护方面的学习对于保障工作人员的身体健康和生产环境的安全至关重要。

第二节　石油化工专业物理化学课程教学改革

高职石油化工技术专业的物理化学是一门重要的基础课，但它具有内容繁多、概念难以理解、公式众多且应用条件严格、逻辑性强等特点。然而，由于人才培养方案的改革，学时被大幅减少，导致教师讲解不够详细，学生理解模糊。这使得学生对物理化学在专业中的作用缺乏认识，学习变得枯燥乏味，兴趣不高，缺乏学习动力，学习成绩普遍不理想。因此，"如何在有限的学时内让学生掌握物理化学知识是每位任课教师必须思考的课题，也是培养适应高质量人才的迫切需要"。

一、精选教学内容，增强与生产实际相联系

首先，根据石油化工专业的特点，应该精选教学内容。这意味着教师需要选择与专业紧密相关的物理化学知识，以确保学生在学习过程中掌握专业所需的基础知识。同时，我们还要删除与专业关系不密切的内容，以避免浪费学生的学习时间和精力。这样做可以确保专业课程的学习质量和效率，并帮助学生打下坚实的基础。

其次，教师需要加强物理化学与实际生产的联系，以提高学生的学习兴趣。这可以通过与后续专业课程知识的衔接与渗透来实现。在教学过程中，我们应该强调物理化学在实际生产中的重要性，让学生认识到这门学科对石油化工行业的价值和应用。教师可以引入实际生产原理，向学生介绍相关的工业过程和技术，从而增加他们对学习的兴趣和动力。

此外，为了加深学生对物理化学知识的理解，教师可以使用实际应用示例。通过实际案例的介绍和分析，学生可以更好地理解物理化学在解决实际问题中的应用。这种实践性的学习方法可以激发学生的学习热情，使他们更主动地参与课堂学习。

二、改变教学方法，提升教学效果

项目驱动教学法是一种能够激发学生学习兴趣的教学方法，使教学成为一门艺术。传统教学方法常常存在一些问题，如工学交替不到位、教学方法单一、教学评价指标单一等。为了解决这些问题，采用项目驱动教学法是一个可行的选择。

项目驱动教学法的核心是以企业案例为基础，将知识隐含在典型案例中，引导学生自主学习。在教学设计中，教师应紧扣教学内容，设计实践项目，帮助学生在实践中掌握理论知识。教学项目的设计至关重要，它应当具有一定的难度和挑战性，能够激发学生的思考和动手能力。

项目驱动教学法的实施包括四个阶段：理论教学、实训过程、分析总结和过程评价。在理论教学阶段，教师可以引入相关案例，讲解理论知识，为学生提供必要的背景知识。在实训过程中，教师将实训项目分解成具体的任务，激发学生的主动性和创造性，引导他们进行实践操作。在分析总结阶段，教师可以指导学生观察和总结实践过程中的问题和经验教训。最后，在过程评价中，教师可以对学生的表现进行评价，并提供有针对性的反馈和指导。

通过项目驱动教学法，教师能够培养学生的实践能力和解决问题的能力。学生通过实践项目，不仅能够巩固和运用所学的理论知识，还能够培养分析和解决问题的能力。这种教学方法能够激发学生的学习兴趣和动力，提高他们的学习效果。

三、多媒体教学与传统教学模式结合，提升教学质量

在石油化工领域，多媒体教学与传统教学模式结合，是提升教学质量的新途径。传统教学由于板书占据时间长，课堂信息量较少，难以满足教学需要。在这种情况下，多媒体教学技术应运而生。用课件和动画上课，内容生动、形象、直观、丰富，课堂教学容量大，提高了课堂效率，方便了学生的

学习。同时，多媒体教学工具也可以激发学生的学习积极性，提高教学效果。然而，由于物理化学许多问题抽象、逻辑性强、公式复杂，多媒体表达文字显示速度快，学生思维跟不上，不适宜所有内容都用多媒体授课。因此，在多媒体教学与传统教学模式结合的过程中，需要注意合理选用多媒体工具。同时，还需遵循多媒体与传统教学方式相结合的原则，切实提高教学效果。具体来说，建议采用多媒体与板书结合的方式授课，将多媒体技术与传统教学相结合，避免了单一的传统教学的缺点。

在实践中，可以通过课前设置一定的预习任务，引导学生针对课程内容进行预习，了解基本概念知识，加深对课程重点的认识。上课时，可以适当借助多媒体工具展示部分难点示例，加强与学生的互动交流，让学生能够更好地理解难点内容和概念。此外，在课程结束后，可以通过多媒体教学工具设置课后习题让学生梳理、巩固所学知识。因此，在石油化工领域，采用多媒体教学与传统教学模式结合的方式可以更好地提高教学效果，加强师生互动，提高学生学习积极性，激发学生的学习热情和探究精神。在实践中，教师也应高度重视多媒体教学与传统教学模式结合的应用，掌握多媒体教学的技术与方法，将多媒体与传统教学相结合，创造性地开展教学工作，促进学生的全面成长。

整体来看，在石油化工领域，实现多媒体教学与传统教学模式结合，需要教师们摆脱传统教育的束缚，积极主动地接受创新教育理念、方法和技术，注重学科知识与实践技能相结合，注重教学质量和教育效果的提高，同时，也需要学生们主动适应这种新的教学模式，积极参与课堂互动，加强与教师的沟通交流，不断提高自身的学习水平和综合素质。通过双方共同努力，实现多媒体教学与传统教学模式结合，使教育教学更加精细化、智能化、生动化，培养更多的创新人才，为石油化工行业提供强有力的人才支持。

四、构建全面、可控的考核体系

在石油化工领域，构建全面、可控的考核体系是提高职业素质和专业技能的重要保障。石油化工行业技术含量高、安全风险大，要培养高素质的专业人才，需要建立全面、可控的考核体系，通过科学合理的考核方式，对学生实施全过程、全要素、全方位的考核评价，循序渐进地提高学生的职业素质和专业技能，使学生更好地适应和服务于石油化工行业的发展。具体来说，构建全面、可控的考核体系需要着眼于以下方面：

第一，需要制定科学合理的考核标准。针对石油化工行业，应制定相应的考核标准，包括技能技巧、思维能力、实践操作、应用创新等方面，以此为基础，设计出科学合理、全面可行的考核方案。

第二，需要建立完善的考核制度。建立全面、可控的考核体系需要依托于完善的考核制度，通过规范的考核程序和严格的考核标准，确保考核的公正公平和可控性，使学生接受客观、公正的评价。

第三，需要利用先进的考核工具和方法。当前，石油化工行业教学不断推陈出新，考核方式也需要与时俱进，应加大对现代化考核工具和方法的引进和应用。例如，利用模拟器和虚拟实验室等先进实验技术，对学生进行技能培训和实践操作，可以更加准确、直观地评估学生的表现和技能水平，提高评价效果和精度。

第四，需要及时反馈评价结果，改进和优化考核方案。构建全面、可控的考核体系需要不断地评估和反馈评价结果，发现问题，及时改进和优化考核方案，逐步提高评价的科学性和可靠性。

因此，在石油化工领域，构建全面、可控的考核体系是提高教学质量和人才培养质量的必要条件之一。只有通过科学合理的考核方式，对学生从全过程、全要素、全方位的考核评价，才能达到对学生专业能力的全面提升和优化。同时，在实践中，教师也应用心栽培，积极引导学生通过学习实践，努力提升自身的专业素质和技能水平，为石油化工行业的发展作出应有的贡献。

第三节　产教融合背景下石油化工类专业课程的实施

产教融合是校企合作的根本基础，校企合作是产教融合的具体表现形式。基于产教融合的校企合作是我国职业院校深化教育改革、优化教育教学模式、提高人才培养规格和质量的主要突破口，其成效直接影响我国高职教育现代化发展的进程。"而深化教育教学改革，开发合适的专业课程体系，使课程内容与职业标准对接，教学过程与生产过程对接，是保证人才培养质量，实现技能成才的关键环节"。

一、产教融合背景下石油化工类专业课程的开发与实施

高职院校的专业设置，课程开发要契合区域产业的发展，要培养适应地区经济社会发展需求的技术技能人才。

第一，校企共同开发专业课程与教学内容。平台课程是通用专业基础课程，主要培养学生的专业基础能力和技能，具体包括课程《无机及分析化学》《有机化学》《化工制图与识图》《流体输送与传热技术》《传质分离技术》《化学反应技术》《化工仪表及自动化》等课程。相比企业教师，学校专职教师在基础理论和基本技能上还是具有一定的优势，这些课程全部由学校教师承担教学任务。

第二，师资互通共担教学任务。以"突出重点、全面覆盖"为原则，以岗位需求为导向，构建了平台＋模块的石油化工技术专业课程体系，并且专业课程体系实现了从上游原料到终端产品的设置。

二、产教融合背景下石油化工类专业课程实施的成效

随着产业转型升级和人力市场需求的变化，石油化工类专业应用技术人才的培养方案已发生重大变化。产教融合的教学模式已经成为全球各大高等院校普遍采用的教学创新方向之一。在这种环境下，石油化工类专业课程实施产教融合模式的成效凸显，主要表现在"双师"素质提升、教学内容更新及教学资源丰富等方面。

第一，教学团队"双师"素质得到提升。石油化工类专业课程采用产教融合的模式，企业教师积极参与一线教学，为学生提供更多的职业指导和技能培训。通过企业教师的参与，学校教师也得以更加密切地了解行业新技术和前沿发展，"双师"素质得到提升。企业教师的介入，使得师生互动更加紧密，课堂教学也更加贴合企业实际需求，提高了教学效果。同时，企业内部研发团队通常拥有丰富的学术经验和从业经验，教授课程时能更好地交流交换，提高了学生的专业知识。

第二，教学内容实现更新。随着石油化工领域技术的发展，课程内容也需要不断地更新完善。由于石油化工企业在实际生产过程中积累了丰富的经验，因此可以将实际生产中出现的新技术、新标准、新工艺、新设备等带进课堂，将企业生产知识和实践教学有机结合，更新了传统的教学内容，推动了情境化教学，使学生的专业理论、技能和职业能力得到了有效结合，从而完善了其职业综合素质。

第三，教学资源得以丰富。石油化工类专业的教学过程中，应该较为贴合实际生产。然而，由于某些原因，学校提供的教学资源与实际生产相比较为简化，容易让学生陷入理论与实践脱节的状态，甚至忽视岗位技能的要求。通过产教融合的方式，企业教师可以将企业中使用的员工培训资源和一线案例带进课堂，使教学资源更加丰富多样、贴合实际生产，有利于培养学生安全第一、精益求精的工匠精神，满足了产业转型升级对高素质技术技能人才

的需求。

总而言之，石油化工类专业的实践教学需要加强与企业的联系，实现产教融合，为学生提供更具有针对性的教育与实践机会。通过与企业教学团队的合作，学校教师也可以更好地融入行业集体的协作，获取更加全面与深入的行业观点以及解决问题的方法，达到教育教学的最优顺畅状态。产教融合带来的双方合作地位的提升，不仅有利于提高课程实施的效果，而且更符合现代经济发展的潮流。

三、产教融合背景下石油化工类专业课程实施的经验

产教融合是当前科技快速发展的时代趋势，石油化工类专业课程实施经验的共享对于推进产教融合发展具有重要的意义。就此，我们需要坚持以下方面：

第一，职业教育要与区域经济发展相契合。职业教育的主要目标是服务于区域经济的发展，因此，职业教育的发展需要与区域产业进行匹配。要及时调整专业群的设定，适时开发相应的专业课程体系，达到与产业需求的高度匹配，加强人才培养模式与产业发展趋势的对接，实现人才质量提高，并推动产业转型升级。

第二，专业课程是实现教育链、人才链和产业链深度耦合的重要载体。由于产业的发展速度通常高于学校专业的发展，学校培养出的人才往往不具备最新的技能和知识。为了解决这个问题，我们需要引入产业的新技术、新标准、新工艺、新设备等内容，把他们纳入专业课程中。同时，要大力推进校企合作，将产业需求融入专业课程中，实现人才的优化配置。

第三、校企人员双向流动是实现人才培养目标的必要条件。只有企业的一线专家技师进入课堂中，才能实现教学过程与生产过程完全对接。因此，校企人员双向流动是实现人才培养目标的重要保障。学校需要把企业专家技师的课程引进来，同时企业也需要将学校的管理者和教育工作者送到工厂一

线去进行学习和实践，推进人才培养的全面发展，进而推动区域经济的快速发展。

第四，校企机制的完善是实现产教融合的必要措施。尽管学校通过与企业合作进行人才培养和教学能够起到很好的推动作用，但这也不可避免地会增加企业教师的工作量，从而给企业带来额外的工作负担，甚至会影响到企业的正常生产和效益。因此，需要建立健全的校企合作机制，保护企业的利益，激发校企双方参与产教融合的热情。

总而言之，石油化工类专业课程实施的经验共享是推进产教融合发展的关键。我们需要加强职业教育与区域经济的匹配，完善专业课程体系，推进校企合作，实现教育链、人才链和产业链的深度融合，从而形成促进区域经济持续快速发展的生态系统。

第四节　基于"工学交替"的石油化工专业课程建设

我国经济的快速发展为石油化工产业带来了新的机遇。随着石油化工企业对人才的需求不断增加，人才保障成为石油化工产业发展的基础。为了满足这一需求，我国的职业院校加大了对石油化工生产人才的培养力度。一些职业院校甚至开设了石油化工生产技术专业，特别侧重于培养为石油化工企业服务的高素质人才。这些职业院校以"工学交替"为主要途径来进行石油化工专业课程的建设。通过与实际生产环境的结合，学生可以在理论知识的基础上获得实践经验，培养实际操作能力和解决问题的能力。这样的教育模式有助于为石油化工企业培养出适应市场需求的专业人才，进一步推动石油化工产业的发展。基于"工学交替"的石油化工专业课程建设主要从以下途径着手：

第一，注重实践教学。石油化工生产技术是实践性很强的学科，因此企业更加看重学生的实践动手能力和工作能力。为了实现双赢的目标，职业院校应与石油化工企业合作，开展联合培养人才战略。通过与企业合作，学生可以获得实践锻炼的机会，同时也可以优先选择企业所需的人才。

第二，合理配置教学资源。为了满足石油化工生产技术专业的课程需求，职业院校应提高对该专业的认识，并合理配置硬件设备和教师资源。这需要加大教学资源的投入，包括人力、物力和财力。此外，与其他院校和企业进行合作，充分利用其优势资源，如大学实习基地和实习合作等，实现资源的互补。教师应提高课程建设观念，将工学特点融入资源配置，确保优质核心课程的建设。

第三，积极进行教学方式创新。教学方式的创新是提高石油化工生产技术优质核心课程的重要途径。教师应充分利用各种教学方式和方法，激发学生的学习兴趣和热情，使他们能够主动学习和思考。在教学中，应注重工学特性，以企业生产为主线，让学生掌握实践生产的基本知识和技能。教师可以利用新技术和多媒体工具，通过模拟和资料展示等方式提高教学效果。同时，可以借鉴国外经验，结合具体情况，创新出针对性的教学方式，促进优质核心课程的建设。

第五节　基于工作过程的石油化工专业课程体系构建

为实现课程体系与工作过程的对接，本节基于工作过程的课程开发理念，重新构建了石油化工生产技术专业课程体系，为优化职业教育课程体系提供参考。

第一，职业岗位及职业能力分析与研究。为了更好地与工作实践对接，我们进行了职业岗位及职业能力分析与研究。我们通过对部分地区的石油化工企业进行调研，开展了石油化工职业岗位群的岗位分析和岗位职业能力分析。在调研过程中，我们积极了解企业对石化生产技术人才的需求以及对应的职业能力标准。最终，我们成功确定了石油化工生产技术专业毕业生的职业岗位和相关的职业能力要求。这为后续的课程开发和教学提供了重要的参考依据，也为毕业生的职业发展提供了更加明确的指引。

第二，以培养职业能力为核心，构建基于工作过程的课程体系。在石油化工行业，人才的需求量也在不断增长，对职业教育的需求也越来越大。因此，以培养职业能力为核心，构建基于工作过程的课程体系，具有十分重要的意义。此外，培养职业能力，是让学生在学习中获得的能力能够真正地适应、应用于实际工作中的一种能力。这与传统的学科型课程体系有很大的不同。在以职业能力培养为核心的课程体系中，要以学生未来的就业情况为导向，以实际工作中所需要的能力为原则，根据石油化工职业岗位的任职要求，从生产操作岗位任务分析和岗位专业知识技能入手，参照职业资格标准，来构建整个课程体系。在打破传统的学科型课程体系的基础上，可以采取校企合作的方式，开展石油化工生产技术专业对应的职业岗位分析，凝练出典型任务，确定行动领域，归纳出完成各项工作需要的知识、能力和职业素养。在此基础上，可以参考基于工作过程系统化课程开发模式，由行动领域向学习领域转换，确定学习领域的内容，并对其进一步进行分析。在构建基于工作过程系统化的课程体系时，需按照职业能力的形成过程和职业教育规律，对学习领域的内容进行分类，并将其按照职业能力的要求依次呈现，以培养学生的职业能力。这样的课程体系不仅能够满足石油化工行业的职业需求，更能够使学生在学习中真正地掌握所需技能，为未来的职业发展奠定坚实的基础。

第三，基于工作过程的订单式培养课程体系。招生计划类型一般有定向、非定向等多种方式，订单式培养成为众多企业定向引进人才的一种方式。在订单式培养中，通过对企业的调研和要求，订单式培养的课程可以划分成公共课程、专业必修课程、企业必修课程和选修课程。其中，企业必修课程是由企业的相应专业技术岗位专家亲自授课，实现工作岗位的零距离对接，可以让学生更好地融入企业的工作环境中，了解企业的要求和规范。以化工操作工（中级工）为例，可以分析出化工操作工的工作过程，并依据企业要求的技能标准，确定所需的技能，建立基于工作过程的订单式培养课程体系。这也是订单式培养中相对重要的环节。在建立课程体系的过程中，可以分析化工操作工在生产过程中所涉及的技术和知识点，通过实践操作来使学生掌握相应的技能，而在企业必修课程中，可以邀请企业的专业技术岗位专家为学生授课，帮助学生更好地了解和掌握企业的技术和规范。基于工作过程的订单式培养课程体系，可以更好地满足企业的需求，也可以让学生真正地掌握在企业中所需要的技能和知识。

第六节　现代学徒制模式下石油化工专业课程体系构建

现代学徒制人才培养模式是由传统学徒制发展而来的一种教育模式，它结合了学校职业教育和企业技能培训的要素。通过高等职业学校与企业的紧密合作，现代学徒制建立了"双师型"团队，共同培养学生。该培养模式的目标是培养适应岗位需求的技术技能型人才，并实现学校到企业岗位的平稳过渡。这种模式解决了传统学校教育与实际岗位需求之间脱节的问题，使学生毕业后能够更好地适应就业市场的要求。

实施现代学徒制需要制定量身打造的人才培养方案，包括培养模式、师资力量、教学方法和教学资源等方面的准备工作。其中，构建专业课程体系是解决现代学徒制发展困境的重要着力点。以石油化工专业群为典型案例，课程体系改革、教学模式改革和考核方式改革都是必要的。重点关注岗位能力课程的构建，包括对课程体系的改革、编写岗位课程教学大纲、改革教学模式和评价方式等方面的努力。

通过这些改革措施，现代学徒制能够更好地满足岗位需求，确保学生在完成学业后具备实际工作所需的能力和技能。同时，企业的参与也为学生提供了更多实践机会和职业发展的支持，使他们更好地融入职场并取得成功。

总而言之，现代学徒制人才培养模式的关键点在于将学校教育与企业需求相结合，通过建立合作团队、量身打造培养方案和改革课程体系等措施，使学生能够获得实际应用的技能，顺利过渡到就业岗位，并满足市场的需求。这种模式的实施有助于提高教育质量和就业率，为社会的发展和人才培养做出积极贡献。具体有以下方面。

第一，确定石油化工专业群岗位课程需求。在学徒制下，学生与石油化工企业紧密合作。因此，课程设计应以企业的岗位需求为基础，整合专业知识和技能，并形成工作任务表。这有助于确保学生所学的课程与实际工作要求相匹配。

第二，确定石油化工专业群岗位课程模块。为了满足岗位需求，应将工作任务和项目的职业能力和知识素养进行分解，并分模块传授岗位能力。这种模块化的教学方法可以更好地培养学生所需的实际工作能力。此外，与企业专家的合作是确保课程模块准确性的关键。

第三，石油化工专业群课程及教材开发。基于国家课程标准和社会发展对人才的要求，培养学徒的学习能力和知识水平至关重要。因此，应开发岗位课程及教材和职业素养课程及教材，以支持学徒的终身学习、发展和就业/创业。这些教材和课程还应具有推广的价值，以满足行业其他学校和学生的需求。

第四，"双师型"师资队伍建设。为了促进学校、教师和学徒的共同发展，推动教育改革与企业需求的结合，需要建设与企业紧密合作的师资队伍。这意味着培养懂理论、会操作的"双师型"教师，他们既具备专业知识，又有实际工作经验。这样的师资队伍可以更好地指导学徒，使他们在实践中获得全面发展。

综上所述，现代学徒制是一种新的人才培养模式，然而，其实施过程面临一些实际难题。要发展现代学徒制，需要从多个方面进行规划。首先，国家政策法规的制定是必要的，以提供支持和指导。其次，社会认知的提高对于学徒制的推广至关重要，需要加强对这种培养模式的宣传和普及。最后，校企联合是实施学徒制的关键环节，需要深度规划学习对象、学习方法和学习内容，确保培养的质量和有效性。

为了促进现代学徒制的发展，需要提供可供借鉴和实施的政策性纲领，为各地区和机构提供明确的指导。此外，强调学历教育与岗位培训教育的融合是关键，通过将教学过程与生产过程结合起来，培养学徒的实际能力和技能。同时，打破学科体系框架，构建基于岗位工作过程的专业课程体系也十分重要。这种打破学科体系的方法对于我国现代学徒制试点的课程体系改革具有重要的指导意义。通过建立以岗位工作过程为基础的课程体系，可以更好地满足实际需求，培养适应现代产业发展的人才。

总之，现代学徒制是一种有潜力的人才培养模式，但要实施并取得成功，需要从国家政策、社会认知、校企联合和课程体系等多个方面进行规划。只有通过共同努力，才能推动现代学徒制的发展，为人才培养和社会进步做出积极贡献。

第五章 石油化工专业实践课程构建的师资建设与方法应用

第一节 石油化工专业实践课程构建的师资建设

一、石油化工专业实践课程构建对师资建设的要求

（一）对教师的人文素质要求

为了更好地推动石油化工专业实践课程的构建，教师需要提升自身的人文素质。作为人类文化的产物，教师承担着传播人类优秀文化的重要任务。教师的文化熏陶和文化教育是完成这一使命的前提，而且要掌握文化的主要观点，培养民族文化的认同感和归属感。教师作为文化的产物，同时也是文化发展的主要推动力。在职业教育中，教师的教育劳动是通过知识的传播来实现的，而人文知识素养是职业教育教师成长的基本条件之一。教师的人文知识素养的高低直接关系到他所培养的学生的文化素养。

随着信息时代的到来，面对科学技术革命的挑战，教师必须不断提高自身的人文素质，以便接受新思想、完善自我。只有通过大量的人文知识积累，教师才能与自身修养相适应。在实践课程教学过程中，教师应展现优雅的风度、得体的谈吐、广博的知识和丰富的词汇，通过流畅的语言清楚地表达给学生。这些都是职业教育教师人文知识不断积累的充分体现。

教师作为学生最直接的影响者，只有不断提高自身的人文知识素养，才

能为学生树立榜样。在石油化工专业实践课程中，教师的人文素质将有助于他们更好地理解和传授相关的文化背景、伦理道德等方面的知识。通过这种方式，教师能够引导学生形成正确的职业道德观念，培养专业素养，并推动社会文化的发展和人类文明的进步。

（二）对教师的专业素质要求

石油化工专业实践课程的构建在很大程度上取决于教师队伍整体和个体的实践能力和素质。

第一，实践教学能力素质。实践教学是石油化工专业实践课程的核心环节，实践能力也是职业技术学校的教学目标，在教学中处于重要的地位。职业教育与普通教育的区别就在于职业教育不仅向学生传授知识，而且注重培养学生的实践能力，职业教育与产业社会的联系最为密切。由于职业教育的这种特殊性质，要求职业教育教师必须具备较强的动手操作能力，能够指导学生的实践。理论教学与实践教学是石油化工专业教学的两个重要环节。事实上，一些理论教师缺乏指导实践教学的经验，而部分实践教学教师的理论水平尚有待提高，这也是职业教育师资培训的一个重要研究课题。只有既具有较高的理论知识水平又有较强的实践教学指导能力的教师，才能适应时代对职业教师的要求。

第二，操作演示能力。石油化工专业实践课程可以培养学生的动手操作能力，使其达到一定的专业化水平。这样一个动手动脑的教育教学过程，仅仅凭教师讲授、板书和课堂教学是无法完成的。很多的学习环节需要实习车间、在操作台前进行，教师在对学生进行实践教学指导的同时，需要向学生演示操作的全过程，教师如同教练，既会指导又会演示，这就要求职业教育的教师既能指导学生的实践教学，又有一定的操作演示能力，让学生们直观地了解所要学习的技能。

第三，理论探究能力和研究能力素质。随着社会的进步和时代的发展，知识更新换代的速度不断加快，尤其是在与高科技密切结合的石油化工领域，知识更新的速度更快。因此，职业教育教师不仅需要掌握专业知识，还需要具备一定的理论探究能力。他们应该能够在自己的专业基础上吸取新的研究成果，丰富自己的专业知识，不断扩展知识领域，完善自身。只有这样，他们才能跟上时代进步的步伐，胜任教师的职业。社会在进步，时代在发展，知识更新换代的速度不断加快，职业教育教师所学习的专业理论知识又可能在其刚刚走出校门从事职业教育的时候就已有所发展，特别是与一些高科技结合紧密的专业，知识更新换代的速度会更快。石油化工专业实践课程要求教师在教学过程中不仅要进行理论教学，还要培养学生的实践能力。教师在教学过程中应该善于发现问题、研究问题并解决问题。通过对教学内容的研究和教育方法的改进，他们可以提高教育教学的质量。石油化工专业实践课程强调教师要具备动态复杂的教学活动，既包括理论教学，也包括实践能力的培养。在这个过程中，教师需要展现出他们的理论探究能力和研究能力，以不断提升自身的专业素养和教学水平。

第四，其他相关素质。一是心理素质。在现代化进程中，人的心理素质问题越来越受到社会的广泛重视，因为心理素质的健康与否对一个人事业的成败有一定的影响。在石油化工专业实践课程中，教师的心理素质尤为重要。作为"人类灵魂的工程师"，教师的心理素质应该是健康和全面发展的。教师的心理素质包括积极的情绪态度、适应能力、抗压能力和情绪管理等。在石油化工实践课程中，教师面对各种挑战和困难时，应保持乐观的态度和坚韧的意志，以积极的心态引导学生克服困难，增强学生的自信心和动力。二是良好的情感素质。教师良好的情感特质对学生具有潜移默化的影响。教师的情感素质主要体现在真诚、乐观、进取、宽容和对职业的兴趣等方面。作为榜样，教师的情感表达对于学生的言传身教起着重要的作用。同时，教师通过与学生、家长和社会的互动联系，对整个社会的精神文明建设起到辅助作用。在石油化工实践课程中，教师应以真诚和善意对待学生，营造积极的学习氛围。教师应保持乐观的态度，激发学生的学习兴趣和潜力。进取的精神将激励学生不断追求进步和创新。宽容和理解将帮助教师与学生建立良好的师生关系，促进学生全面发展。

二、石油化工专业实践课程中师资队伍建设的任务

（一）提高在职教师的实践能力

石油化工专业实践课程中在职教师的能力结构主要包括三个方面，即操作能力、技术应用与开发能力和教育教学能力。

操作能力是指履行生产岗位职责的实践能力，是任职顶岗所必需的实用性职业技能、专业技术和技术应用能力，包括熟悉技术工作的内容要求和操作流程、掌握职业技术规范和熟练运用职业岗位主要工具（手工工具和仪器仪表）的能力，基本的实验能力和设计能力，以及排除故障、维修设备的能力等。具备操作能力是对石油化工专业教师的基本要求，也是高职院校教师区别于普通高校教师的根本特征。

技术应用与开发能力是指应用理论的研究和高新技术的开发与推广，发挥其与生产实际联系密切这一优势，对生产实际中存在的技术问题加以解决，攻克技术难关，将理论研究的成果尽快转化为现实生产力的能力。石油化工专业教师不仅要具备具体操作能力和实践能力，也要具备相应技术开发能力。

教育教学能力是指组织实施教育教学和指导生产实习的能力。石油化工专业教师具备了专业知识和实践技能，甚至已有多项研究成果，但不等于就能做好教育教学工作。教育教学有其内在的规律，因此石油化工专业教师还必须具备一定的教育学、心理学方面的知识，有较强教育教学组织能力和语言文字表达能力，能将自己的知识、技能、技术卓有成效地传授给学生。

（二）培养骨干教师与专业带头人

现有的骨干教师和专业带头人都是在长期的实践中成长起来的经验型的教师，在现在职业教育教师日益专业化的时代，这样的教师远不能适应信息

社会、知识经济社会对高职教师学历和素质的要求。在石油化工专业实践课程中，需要培养骨干教师和专业带头人，应该明确骨干教师和专业带头人应具备的知识和能力，并根据其具备的素质，来确定相应的培养任务。

第一，石油化工专业实践课程中的骨干教师和专业带头人应该具备三方面的知识，即本体性知识、条件性知识和实践性知识。本体性知识指的是教师所具有的特定的专业知识，它是职业教育教师的必要条件，但不是充分必要条件。教师的本体性知识与一个骨干教师或专业带头人之间并不是对应的关系，仅有了丰富的专业知识并不意味着他一定能成为骨干教师和专业带头人。条件性知识指的是骨干教师和专业带头人所具有的职业教育学、心理学、教法学、课程开发等方面的知识，它是保障教师成功的前提条件。实践性知识指的是教师在面临实际的教学情景时所具备的背景知识及与之相关的知识。教育实践的情景总是处于不断变化之中，石油化工专业教师要随时进行反思、研究、调整，积累实践性知识，骨干教师和专业带头人的一个突出特征就是实践性知识丰富。

第二，石油化工专业实践课程中的骨干教师和专业带头人应具备以下能力：一是产学研结合的能力。产学研结合的能力就是使教学、科研与生产实际相结合，通过了解生产、推动生产、联系生产进行教学与科研，把科研成果转化为生产力，满足企业要求的能力。二是课程开发能力。骨干教师和专业带头人要能够熟悉本专业的现状和发展趋势，了解和预测生产发展和劳动力需求情况，开发新的课程并组织教学，及时把新技术、新工艺转化为新的教学内容。三是教育科研能力。高等职业教育是一种有独特规律的教育，它的教育内容、对象、方法和教学组织形式都有别于普通教育，教师在实际教学过程中会遇到许多问题，教师要能够运用教育科研方法，对这些作出符合教育规律的解释；教师还要能够组织、实施教学和改革实验。四是合作能力。团队合作精神是骨干教师和专业带头人的重要素质。学校骨干教师和专业带头人是一个由专业教师及相关学科教师组成的团队的负责人，这样的教师要有领导才能，善于团结所有人，能调动所有人的积极性，发挥群体优势。

石油化工专业实践课程中骨干教师和专业带头人的培养目标，主要包括思想素质和业务水平两个方面，在加强综合研究能力和素质培养的基础上，突出强调思想道德方面的要求，强调师范性，强调爱岗敬业；在研究方向上，根据学科特点与各专业的实际和社会需求情况而设置；在课程设置上，要充分体现各专业发展的特点和较宽的基础面，降低学术性的要求，突出师范性和应用性；在教学方式上，采用理论学习、社会实践、课题研究相结合的教学方式；在考核方式上，坚持知识与技能并重、企业实习和教育实习并重、系统学习与课题研究并重的原则；在质量监测上，要求采取相应的监测措施，保证培养方案的顺利实施。

（三）强化教育科学研究与合作交流

石油化工专业教师要结合实际积极开展科学研究，进行理论探索和创新，这有利于教学质量的提高。有条件的院校应积极开展科学研究，设立职业教育研究所，把教学和科研结合起来。加强院校与外部的交流，这是由高等职业教育的社会性、开放性和信息时代的动态性所决定的，通过对办学模式、专业设置、教学管理等的交流，及时更新基地专业设置、教学计划和科研方案，实现资源优化配置，提高师资队伍建设的整体水平，使教师视野更加开阔，知识更新更加迅速，实践教学能力更加丰富，促进院校更好地发展。高职院校要学习和借鉴国际先进的教育理念和管理经验，引进人才培养模式，更新教育理念，拓宽发展思路，加快石油化工专业师资队伍建设的步伐。要优先为骨干教师提供、创造出国进修、讲学、参加学术会议的机会，使他们及时接触和了解本学科的国际前沿动态。同时，成立中外职业教育专家咨询委员会，学习和借鉴国际先进的办学理念，引进国外优质的教育资源，提高石油化工专业人才培养的质量。

三、石油化工专业实践课程中师资队伍建设的模式

在石油化工专业实践课程的师资队伍建设中，要对师资培养培训进行改革，可以以"一体化职教师资培养培训"作为发展方向，即以培养培训专业课和实习指导两方面于一体为目标，从而真正实现"双师型"职教师资的培养目标。将具有"双证书"（大学毕业证书和技术等级证书）的"一体化"（既能讲授专业理论课又能指导实习操作）培训作为工作目标，它反映了职业教育对职教师资这一职业的要求。

石油化工专业实践课程中师资队伍的培训应该分为两个阶段：第一阶段为石油化工专业技术课程培训阶段，主要是专业能力培养，包括专业理论和专业实践两部分，是非定向阶段。这一阶段主要在技术学院和社会相关行业、企业进行。第二阶段为教育教学课程培训阶段，主要进行石油化工教师的教育教学能力培训。这一阶段依据不同专业，进行有针对性的教育教学培训，是定向阶段。通过这种培训方式，可以使职教师资具有完整的职业能力。除了通过日常教学这种方式对石油化工专业教师进行培训外，还应注意对以下培训方式的学习：

第一，现代化远程教育方式。要通过应用信息技术等现代化技术教育手段，对石油化工专业教师进行培训。这种培训方式跨越了时间和空间，以学员为中心，学员能够主动地、自觉地学习；能够发挥优秀教师的辐射作用，弥补培养职教师资的教师数量上的不足，最重要的是这种方式能够使职教师资培养培训工作形成一个网络，有效地发挥石油化工专业教师培养培训的整体功能。

第二，合作方式。采取与相关行业、企业或学校合作的方式培养石油化工专业教师。这种方式能够优化资源配置，弥补师资培养过程中设备、资料、师资等短缺问题，使未来教师更能适应职业发展的需求，及时了解职业内涵的变更等信息。

第三，终身教育方式。现代社会是学习的社会，要求人们不断学习，学会学习。因此，应将终身教育思想贯穿于石油化工专业师资培养过程中。要将培养石油化工专业教师的过程视为一项长期的生涯活动，要依据教师职业生涯不同阶段的特点，开发不同的培训教材，使教师发展渠道畅通。

四、石油化工专业实践课程中师资队伍建设的途径

（一）完善教师的实习制度

高职院校要有针对性地为石油化工专业教师制定实践和专业技能培训。凡是新教师都要由经验丰富的指导教师进行具体指导和考核。并定期安排教师进行针对性较强的企业实习，让教师广泛接触专业实际，同企业建立联系，了解企业之需，寻求自己所讲授专业课程与企业实际的结合点。每位教师在丰富专业知识和技能的同时还要通过努力获得各种相应的职业资格证书。要完善石油化工专业教师的实习制度，可以采取以下措施。

第一，设立实习计划。建立详细的实习计划，明确实习的目标、内容和时间安排。计划应包括理论知识与实践操作的结合，确保教师在实习中能够全面地接触和了解石油化工行业的实际工作。

第二，导师指导。为每位实习教师分配一位具有丰富实践经验的导师，负责指导和辅导教师的实习工作。导师应提供专业指导、技术培训和经验分享，帮助教师在实习中提升自己的实践能力。

第三，实习报告与总结。要求教师在实习结束后撰写实习报告，总结实习期间的经验和收获。实习报告可以包括实习过程中遇到的问题、解决方法、实践中的收获和对教学的启发等内容，有助于教师反思和提升自身能力。

第四，实习评估与反馈。建立实习评估机制，对教师的实习表现进行评估和反馈。评估可以包括实习成果、实践操作能力、团队合作能力等方面的考核。评估结果可以用于教师的绩效评价和个人成长指导。

第五，经费支持和奖励机制。为教师的实习提供必要的经费支持，包括实习期间的交通费、住宿费等。同时，建立奖励机制，对实习表现优秀的教师给予奖励和表彰，激励他们更加积极主动地参与实习活动。

（二）重视教师培养与进修

重视石油化工专业教师的培养与进修对于提高教师的专业素养和教学水平至关重要。可以为石油化工专业教师提供进修的机会，例如，参加研讨会、学术会议、行业培训等。这些活动可以帮助教师了解最新的技术发展和研究进展，拓宽视野，提升专业水平。可以设置导师指导制度，由有丰富经验和卓越教学能力的老师担任导师，给予教师指导、建议和支持。导师可以帮助教师规划职业发展路径，提供专业指导和教学经验分享。鼓励教师参与科研与实践项目：鼓励石油化工专业教师积极参与科研和实践项目，深入行业实践和研究，提升专业素养。学校可以提供相应的资源支持和项目申请指导，为教师提供实践机会和平台。通过重视石油化工专业教师的培养与进修，可以不断提高他们的专业能力和教学水平，为学生提供优质的教育和实践指导。

第二节 石油化工专业实践课程构建的"双师型"师资队伍

当前，经济社会的高速发展对职业教育提出了更高的要求，促使职业教育教学不断深化改革。为了满足职业教育的需要，我们需要注重学用相长、知行合一的原则，使职业教育能够更好地服务社会经济发展。

职业教育的目标是培养学生具备实际操作能力和解决实际问题的能力。因此，职业教育应注重培养学生的创新精神和实践能力。创新精神是推动社会进步和经济发展的重要动力，培养学生的创新意识和创新能力，能够使他们在工作中更加灵活和适应不断变化的职业环境。同时，实践能力的培养也是职业教育的重要任务，通过实践训练，学生能够将所学的理论知识运用到实际工作中，提高工作效率和质量。

在石油化工专业教育中，教师的素质至关重要。教师需要具备高水平的专业理论知识和丰富的企业实践经验。只有掌握了最新的专业知识和技术，教师才能够将最新的行业动态和技术发展引入教学中，使学生接触到真实的职业环境和实际操作。此外，丰富的企业实践经验也能够帮助教师更好地了解行业需求和职业要求，从而调整教学内容和方法，使学生的培养目标更加符合市场需求。

建设一支"双师型"师资队伍是石油化工专业教育发展的重要问题。所谓"双师型"师资队伍，即教师既具备扎实的学科专业知识，又具备教学能力和教育理论知识。这样的师资队伍能够为学生提供优质的教学资源和指导，促使学生在专业知识和教育能力方面得到发展。为了培养"双师型"师资队伍，需要加强教师的培训和进修，提高他们的教学水平和教育理念，同时也需要为教师提供良好的教育环境和发展机会，使他们能够不断提升自己的教育能力。

一、石油化工专业实践课程构建的"双师型"师资队伍特点

石油化工专业教师在如今的教学环境中扮演着至关重要的角色。他们需要具备实践教学能力，并与企业紧密合作，深入了解企业岗位工作内容及实操技术，并将实践技能融入教学设计中。这样的教师能够为学生提供更为全面、实用的知识，使他们更好地适应未来的就业需求。

首先，石油化工专业教师需要与时俱进，紧密关注行业技术动态。随着科技的不断进步和行业的快速发展，教师需要不断更新教学设计内容，以企业需求为导向。教师应该关注最新的石油化工技术和方法，了解行业的最新发展趋势，并将这些信息融入教学中。这样，学生将能够接触到最新的技术

和实践经验，为他们未来的职业生涯做好准备。

其次，石油化工专业教师需要具备良好的校企合作沟通能力。教师应该积极与企业进行沟通合作，与企业合作接受实践培训，并组织学生进行实践。通过与企业的密切合作，教师能够更好地了解企业对学生的要求，使教学内容更贴近实际工作需求。同时，教师可以与企业人员进行交流学习，深入了解行业的实际操作和技术应用，从而提升自身的教学和实践效果。

最后，良好的社会沟通能力是石油化工专业教师应具备的重要素质。教师需要与企业之间建立起良好的合作关系，通过交流和互动，促进双方的学习与发展。教师可以参加行业会议、学术研讨会等活动，与专业人士进行交流，增强自身的专业知识和实践经验。同时，教师还应该与学生进行有效的沟通，了解他们的学习需求和困惑，并给予指导和支持。通过良好的社会沟通能力，教师能够与企业、学生及其他教师之间建立起紧密的联系，形成一个良好的学习和教学环境。

二、石油化工专业实践课程构建的"双师型"师资队伍建设

（一）"双师型"师资队伍建设内容

教师的职业道德和业务素养是教育事业中不可或缺的重要因素。他们的职业道德决定了他们对学生的影响力和示范作用，而业务素养则关乎他们在教学过程中所运用的知识和技能。特别是在石油化工专业实践课程中，教师的职业道德素养和业务素养的提高具有特殊的重要性。

教师的职业道德是教师行业独特的道德要求。教师作为学生的引路人和榜样，他们的行为和品德对学生的发展和成长产生深远的影响。因此，教师需要具备较高的职业道德，以确保他们在教育教学过程中表现出正确的价值观和道德准则。教师在石油化工专业实践课程中，应注重培养和树立德育为首要前提的意识，通过德育教育培养学生正确的职业道德观念和道德品质。

教师的业务素养对于他们的教学质量和学生的发展至关重要。教师应该具备扎实的业务理论知识和企业实践操作技能，以便能够有效地传授给学生所需的知识和技能。通过不断学习和了解行业新规范、新技术、新设备等信息，教师能够保持业务素养的更新和提升。优秀的教师不仅仅是理论的传递者，更是指导学生在实践中取得成就的引导者。他们将自己的理论知识和实践经验融入教学中，帮助学生更好地应对实际工作挑战。

教师的实践经验也是提高他们业务素养的重要途径之一。短期培训虽然能够提供一些实践技能，但不能迅速提高教师的实践能力。因此，教师需要有机会参与企业实践，深入了解项目的全过程，验证自己的理论知识。通过与实际工作环境的接触和参与，教师能够更好地理解行业的需求和挑战，从而更有针对性地进行教学设计和指导学生的学习。

企业实践使教学设计更具目的性，更贴近生产实际，从而提高教师的实践能力。因此，教师至少需要一年的企业实践时间来提高自身的实践水平。

综上所述，教师的职业道德素养和业务素养对于他们的教学质量和学生的发展起着至关重要的作用。在石油化工专业实践课程中，教师应重视培养德育意识，树立正确的职业道德观念。同时，他们需要具备扎实的业务理论知识和实践操作技能，不断更新自己对行业新动态的了解。通过参与企业实践，教师能够提高自身的实践能力，更好地满足学生的需求，培养出具备实践能力和创新创业精神的学生。教师的努力将为学生的未来发展和社会的进步做出积极的贡献。因此，教育机构应该重视教师的职业道德和业务素养的培养，提供相关的培训和实践机会，以提升教师队伍的整体素质。

（二）深入推进校企的合作交流

校企合作是促进学校和企业共同发展的一种长期稳定的合作模式。在石油化工专业领域，学校与企业可以签订长期合作协议，确保企业向学校输送实践能力强的兼职教师，从而提升专业教学的质量和实效。

兼职教师在校企合作中扮演重要角色，他们需要接受"双考核"，以确保其具备足够的责任心和精力。这样的考核机制可以帮助筛选出真正适合担任兼职教师职务的人选，减少潜在的教学风险。

企业在使用兼职教师时应合理分配其主要业务，并提供必要的支持，确保兼职教师能够顺利完成教学任务。企业的经验和资源可以为学校提供实践案例和行业动态，兼职教师则能够将这些实践经验融入教学中，提升学生的实践能力和职业素养。

为了调动兼职教师的工作积极性，学校和企业可以采取一系列措施，例如提高兼职教师的待遇和福利，给予他们相应的职称和荣誉称号，以及提供专业发展和培训机会。这样的激励机制可以增强兼职教师的教学热情和工作动力，进一步提升教学质量。

此外，高职院校还可以向企业输送学历高、理论知识扎实的青年教师，并与企业签订长期实践培训协议。这些青年教师可以在企业进行为期1—3年的实践培训，通过实践锤炼自己的专业技能和实践能力，并将实践经验带回学校，与理论知识相结合，为学生提供更加全面和实用的教学。

（三）建立激励与考核评价制度

在职业教育领域，建设一支稳定且高素质的"双师型"师资队伍至关重要。为此，需要采取一系列措施来激励和评价教师，并提高他们的福利待遇，从而激发他们的积极性。

第一，制定行之有效的教师激励和评价办法。这些办法应结合物质奖励和精神激励，以确保教师在工作中获得公平的回报和认可。例如，可以设立奖励机制，对教学成果突出的教师给予物质奖励，并通过表彰、嘉奖等方式给予精神激励，以激发教师的工作积极性。

第二，提高"双师型"教师的福利待遇，以维护教师队伍的稳定性。这包括提供具有竞争力的薪资和福利待遇，改善教师的工作环境和生活条件，为他们提供良好的发展机会和晋升通道，从而增加他们的工作满意度和归属感。

第三，建立完善的教师考核评价制度，综合考虑教师的授课水平、实践培训成果以及学生的评价。这样的评价制度能够客观地评估教师的教学能力和综合素质，并为教师提供改进和成长的机会。同时，为提升职业院校的教学质量，我们应避免教师疲于应付。为此，需要合理安排教师的工作量和教学任务，为他们提供充足的准备时间和培训机会，以提高他们的教学能力和专业素养。针对长期而漫长的石油化工专业实践课程构建的"双师型"师资队伍建设过程，我们应根据实际情况有的放矢地展开建设工作。这可能包括寻找合适的实践教师和领域专家，提供专业化的培训和支持，建立与相关企业的紧密联系，以确保教师具备丰富的实践经验和最新的行业知识。

此外，加强国内外经验交流，紧密联系企业开展合作也是重要的步骤。通过与国内外相关教育机构和企业的合作，我们可以分享先进的教育理念和教学方法，了解行业需求和趋势，并为教师提供国际化的发展机会和资源支持。

第四，积极探索职业教育"双师型"师资队伍建设的广阔之路。这需要不断改进和创新，与时俱进地适应社会和行业的发展需求，培养德技双优的复合型技术技能人才。通过持续的努力和改革，我们可以确保职业教育的师资队伍质量得到提升，为培养高素质的人才做出积极贡献。

综上所述，建设一支稳定且高素质的"双师型"师资队伍需要制定行之有效的激励和评价办法，提高教师的福利待遇，建立完善的考核评价制度，提升教学质量，有的放矢地进行建设工作，加强国内外交流与合作，并积极探索创新的发展路径。只有通过这些努力，我们才能培养出更多优秀的技术技能人才，为社会和经济发展做出积极贡献。

第三节　建构主义方法与石油化工专业
实践课程构建

一、建构主义方法的理论基础

建构主义是认知理论的分支，被广泛应用于哲学、教育学、心理学和语言学等学科。建构主义方法是一种教学和学习理论，强调学生主动参与和建构自己的知识和理解。它认为学生通过与他人和环境的互动，基于他们的先前经验和观察，构建新的知识和理念。建构主义方法的核心理念是学生是知识的主体，他们通过积极参与和主动思考，建立自己的意义和理解。教师的角色是引导和支持学生的学习过程，而不仅是传授知识。

（一）建构主义学习理论

建构主义学习理论在对以往认知主义进行批判和否定的基础上，提出教学要坚持以学生为中心，为学生提供学习资源和场所，在实际情境中发挥学生的主体意识，从而达到有效学习的目的。

1.知识本质是"意义的建构"

建构主义学习理论认为，每个人按各自的理解方式建构对客体的认识，知识是个体化、情境化的产物。学习者在社会化过程中积累了丰富的生活经验，以及基于这些经验基础的系列认知结构，因而学习的过程就不是被动地接收、加工和储存知识，而是根据自己的知识背景和认知方式，对信息进行主动选择和加工，在教师的协助下，形成自己的信息加工过程，完成属于自己的"意义建构"。

意义是学习者对符号进行重新编码的结果，教师在课堂上讲授知识，只是学习活动的外在形式，其实学生的学习不是像行为主义和认知主义所认为的那样，只是简单、被动地接收信息，而是在自己经验背景的基础上主动地建构。相对于学习者的主体性而言，教师的课堂讲授只是充斥着各种符号的外部信息，其本身并没有意义，学习者将自己经验中的旧符号与接触到的新符号进行反复、双向的相互作用，重新编码和组织后建构起来才具有真正的意义。

教育应当是帮助学习者依据自身经验展开建构的过程，人们通过自己的实践活动积累经验，个体积累的经验映射到头脑当中形成个体的认识和知识，这一过程既是建构的过程，又是个体认识和理解世界的过程。人们建构自己的知识之后，可以对已有的现象、经验做出解释，并对一些问题进行推论和反思，这种推论和反思反过来又促进了个体知识的建构。由于"意义建构"是人的天性，坐在教育者面前的学习者并不是一张白纸，学生之前的学习生活经验是其开展学习的基础和起点，教学过程中要尊重学生的主体地位，重视学生自身的生活学习经验。科学的教育不是向学生强行传输教师的知识系统，而是引导学生从原有经验中建构新的知识经验。

2. "意义建构"注重真实情境

建构主义学习理论反对在教学过程中对学生做共同起点、背景、过程和共同目标的预设，同时也反对对学生掌握知识做典型化、结构化和非情境化的预设。基于这两点，建构主义学习理论强调要设计好教学环境，为学生建构知识提供各种信息条件，为学生提供学习资源和场所，创设实际情境。具体来说，就是要开发围绕现实问题的学习活动，尽量创设能够表征知识的结构、能够促进学生积极主动地建构知识的社会化的、真实的情境，让学生在开放领域中进行学习。

建构主义学习理论注重真实情境，即与学习内容相关的一切信息都是真实的，真实情境有利于学生对所学内容进行意义建构。知识并不是对现实的准确表征，而是一种解释和假设，知识具有情境性、不确定性和复杂性等特点。由于学生自身的经验背景不同，他们对同一知识可能有不同的理解。教师应尽可能地让学生面对真实世界的情境，要求学生针对真实情境形成认知、完成学习任务，主动去搜集和分析有关信息资料，对面临的问题"大胆假设、小心求证"，从而把当前学习内容与已有知识经验联系起来，进而构建起属于自己的理解和意义，这才是真正的知识。建构主义学习理论对真实情境的关注，说明了尊重学生独立人格与个性的重要性，并把学生看作是发展的、能动的个体。

3."意义建构"以学生为中心

建构主义学习理论认为，学习过程不是简单的教师向学生传递知识，而是学生在原有知识经验的基础上，主动对新信息加工处理、建构自己关于新知识的意义的过程。"意义建构"才是整个学习过程的终极目标，教学活动是使学习者对事物的性质、规律和彼此内在联系有深刻的理解，从而完善其已有认知结构，建立新的认知结构。由于学生是信息加工的主体，是意义的主动建构者，教学活动要从学生个体出发，真正把学生主体能动性的发挥放在中心地位。尽管学习者以自己的方式建构对事物的理解，从而不同的人看待事物会截取不同方面，不存在唯一、标准的理解，但是可以通过学习者的合作而使理解更加丰富和全面，建构主义学习理论因而强调协作学习、交互学习，提倡师徒式的传授以及学生之间的相互交流、讨论与学习。

建构主义学习理论强调发挥学生的主体性作用，形成教师指导下以学生为中心的教学，教师在整个教学过程中起着组织者、指导者的作用，教师的角色就相应地从灌输者转变为促进者、帮助者。在教学开始阶段，教师引导学生进入情景并提供尽可能多的帮助，随着学习进程不断深入，教师把管理、调控学习的任务逐渐转移给学生，由学生自己独立完成学习任务。以学生为中心的意义建构理论，对教师能力的要求更高，教师在教学过程中起作用的方式和方法与传统教师存在较大差异。为了促进学生对知识意义的建构，教师课下所做的工作更多：教师不仅要精通课程内容，更要熟悉学生，掌握学生的认知规律，掌握现代化的教育技术，还要充分利用人类学习资源，设计开发有效的教学资源，设计教学环境，能够对学生的学习给予宏观引导与具体帮助。

（二）建构主义教学模式

建构主义教学模式强调学生通过与环境和他人的互动，主动构建自己的知识和理解，主要包括以下三种模式：

1. 随机进入式教学模式

建构主义学习理论凭借"认知弹性理论"，将教学的主要目的定位为提高学生的理解能力和知识迁移能力，该理论认为，事物本身复杂多样，要准确地认识事物并把握事物本质及事物之间的内在联系，从而全面地进行意义建构，对学习者而言具有一定的困难；要全面深刻地认识事物、建构知识，适宜从不同的角度加以考虑。以"认知弹性理论"为理论基础，随机进入式教学模式强调随机性，学习者可以通过不同途径、不同方式进入同样教学内容的学习，摆脱教师单纯灌输知识的状况，从而获得对同一事物或同一问题多方面的认识与理解。

随机进入式教学模式的积极意义，在于实现对事物理解和认识的提升，而不是简单对同一知识进行重复和巩固。然而，该模式必然对教师提出更高的要求，教师必须根据具体教学内容、学习者的学习特点及学习情况，及时引导学生开展多维度、多途径的学习，有效处理学生在学习过程中出现的个体差异性问题，并能激发学生的创新思维能力，使得不同学习者可以获得对同一事物或同一问题多方面的认知与理解。

2. 支架式教学模式

支架式教学是指为学习者建构对知识的理解提供一种概念框架，由于学习者对问题的理解呈现逐层深入的规律，所以事先要把复杂的学习任务加以分解，概念框架就是为学习者顺利迈进下一个层次学习任务时的支架，目的是将学习者的理解逐步引向深入。支架式教学模式来源于维果茨基的最近发展区理论。最近发展区理论认为在学生智力活动中，在所要解决的问题和自身原有能力之间往往存在差异，即学生独立解决问题时的实际发展水平和教师指导下解决问题时的潜在发展水平间的距离。教学可以在最近发展区有所作为，当然教学绝不应消极地适应学生智力发展的已有水平，而应当不断地把学生的智力从一个水平引导到更高的水平。建构主义学习理论正是从最近发展区的思想出发，形象地将上述概念框架比喻为学习过程中的"脚手架"。概念框架应按照学生智力的"最近发展区"来建立，框架中的概念是为发展学生对问题的进一步理解所需要的，学习者可通过这种"脚手架"的支撑作用更顺畅地构建起深层次的意义。

3. 抛锚式教学模式

建构主义学习理论认为，学习者要实现对所学知识的意义建构，最好的办法是让学习者到真实环境中去感受、去体验，而不是仅仅聆听别人关于这种经验的介绍和讲解。抛锚式教学模式将教学建立在有感染力的真实事件或真实问题的基础上。抛锚式教学模式的关键是确定真实事件或真实问题，这被形象地比喻为"抛锚"，当这类事件或问题被确定了，整个教学内容和教学进程也就被确定了。由于抛锚式教学要以真实事例或问题为基础，所以有时也被称为"实例式教学"或"基于问题的教学"。

二、建构主义方法在石油化工专业实践课程中应用

建构主义方法在石油化工专业实践课程中的应用具有重要意义。通过问题导向的学习，学生能够在实践中主动探索和解决石油化工领域的问题，培养他们的解决问题的能力。这种学习方式能够激发学生的思维和创造力，使他们从被动的知识接收者转变为主动的知识构建者。例如，学生可以通过设计一个石油加工工艺流程来解决某种原油的加工问题，通过自主收集信息、设计实验和模拟操作，构建与石油化工相关的知识和技能。

项目驱动的学习也是建构主义方法的重要应用方式之一。通过组织石油化工项目，学生能够在实践中应用所学的理论知识和技术，培养他们的实践能力和综合素质。例如，学生可以参与一个石油化工装置的设计或改造项目，从项目的规划、设计、施工到运行阶段，通过实践经验构建知识和技能，提

升他们的综合能力和解决问题的能力。

在石油化工实践课程中，实践与理论的融合也是建构主义方法的一项重要内容。通过实验室实践，学生可以操作石油化工设备和仪器，进行物性测试、反应操作等，将理论知识与实际操作相结合，加深对知识的理解和应用能力。这种实践中的知识建构能够培养学生的实践能力和实际问题解决能力。

合作学习和交流是建构主义方法的另一个重要方面。通过鼓励学生之间的合作学习和交流，可以促进知识的共建和技能的培养。例如，学生可以组成小组，共同完成一个石油化工项目，通过合作讨论、分享经验和解决问题，培养团队合作和沟通能力，推动知识的建构和技能的培养。

反思和评估是建构主义方法中的一项重要实践。通过引导学生在实践中进行反思和评估，可以帮助他们深入思考和改进学习方法。例如，学生可以记录实践过程中的思考和体会，反思实践中的问题和解决方案，并进行自我评估和同伴评价，以促进学习效果的提升。这种反思和评估的过程能够帮助学生深入思考他们的学习经验，发现其中的问题和不足之处，并有针对性地进行改进和提升。这种反思和评估的实践使学生能够主动参与自己学习过程的监控和调整，培养他们的自主学习能力和持续发展的意识。

在应用建构主义方法的过程中，教师扮演着学习的引导者和支持者的角色。教师不仅要提供学习资源和指导学生的学习方向，还要鼓励学生的主动参与和探索。同时，教师需要关注学生的学习进展，及时提供必要的支持和反馈。通过教师的引导和支持，学生能够更好地应用建构主义方法进行学习，建构他们的知识和技能。

通过应用建构主义方法，石油化工专业实践课程能够更加贴近实际工作环境，激发学生的学习兴趣和动力，培养他们的问题解决能力和实践技能，为他们未来的职业发展奠定坚实的基础。建构主义方法的应用能够培养学生的创新思维和团队合作精神，使他们具备适应复杂和多变环境的能力。同时，这种方法也能够促进学生的终身学习意识和自主学习能力，使他们能够持续地更新知识和适应职业发展的需求。

综上所述，建构主义方法在石油化工专业实践课程中的应用通过问题导向的学习、项目驱动的学习、实践与理论的融合、合作学习和交流、反思和评估以及教师的引导和支持等方面实现。这种应用方式能够培养学生的实践能力、解决问题的能力和创新思维，使他们成为适应石油化工行业发展的优秀人才。同时，建构主义方法也为学生的终身学习和职业发展奠定了基础，使他们具备持续学习和自我发展的能力，从而更好地应对未来的挑战和机遇。

第四节　递进式方法与石油化工专业实践课程构建

一、递进式方法的认知

递进式方法是一种认知策略，旨在通过分解问题、逐步学习和渐进复杂性来优化学习和问题解决过程，它强调将复杂的任务或目标分解为更小、可管理的部分，逐步构建对整体的理解和掌握。递进式方法在认知科学和教育领域被广泛应用，其有效性已在许多研究和实践中得到证实。

（一）递进式方法的核心概念

递进式方法的核心概念包括以下方面：

第一，分解问题。递进式方法强调将复杂的问题分解为更小、更具体的子问题。这种分解使问题更容易理解和解决，同时也使学习者能够逐步建立对整体问题的理解。

第二，逐步学习。递进式方法鼓励学习者逐步学习和掌握概念、技能或任务。学习者首先应该掌握基础的知识和技能，然后逐渐增加难度，深入学习更复杂的内容。这种逐步学习的过程有助于巩固学习成果，并建立知识和技能的连贯性。

第三，渐进复杂性。递进式方法通过逐步引入更复杂的概念和任务，使学习者能够逐渐增加认知负荷。学习者在逐步学习和解决更复杂的问题时，可以逐渐提高对抽象和复杂性的理解和应用能力。

第四，桥梁构建。递进式方法通过桥梁构建的方式，帮助学习者逐步建立对复杂概念和任务的理解和应用能力。通过逐步引入新的知识和技能，学习者能够建立起与之前学习内容之间的联系，并逐渐扩展其认知结构。

递进式方法的特点在于其渐进性和可控性。学习者在每个阶段都能够逐步增加认知负荷，而不会被过大的认知压力所淹没。这种逐步增加的方式有助于学习者适应新的学习要求，并逐渐提高其认知能力和问题解决能力。

（二）递进式方法的重要原理

递进式方法的原理可以从认知心理学和学习理论的角度来解释，其重要原理如下：

第一，分解原理。递进式方法借鉴了认知心理学中的分解原理。根据这一原理，将复杂的问题分解为更小、可管理的部分可以减轻认知负荷，并帮助学习者更好地理解和解决问题。分解原理也与人类学习的自然方式相一致，因为人们往往更容易处理小块的信息，逐步建立对整体的理解。

第二，渐进学习原理。递进式方法基于学习理论中的渐进学习原理。该原理认为学习是一个渐进的过程，学习者通过逐步学习和练习来提高自己的能力。递进式方法将学习内容和任务分解为一系列递进的阶段或步骤，学习者可以逐渐掌握并应用新的知识和技能。

第三，知识迁移原理。递进式方法强调建立知识和技能的连贯性，以促进知识的迁移。学习者在逐步学习和解决问题的过程中，可以逐渐将已学习的知识和技能应用于新的情境和任务。这种知识迁移的过程有助于学习者将抽象的概念和技能应用于实际问题解决中。

第四，反思和调整原理。反思和调整的原理是递进式方法中的关键要素。通过反思和评估自己在每个阶段的表现，学习者可以发现自己的不足之处并采取相应的调整措施。这种反思和调整的过程有助于学习者不断改进自己的学习方法和问题解决策略，提高学习效果和解决问题的能力。

递进式方法的原理基于对人类认知和学习过程的理解，以及对有效学习和问题解决策略的研究。通过合理应用这些原理，递进式方法能够提供一种系统化和有序的学习过程，使学习者能够更好地理解和解决复杂的问题。

（三）递进式方法的多元应用

递进式方法在教育和学习领域有广泛的应用，它可以应用于不同的学科和领域，以促进学习者的理解和问题解决能力的提高。递进式方法在教育和学习中方面的应用如下：

第一，学术学习。递进式方法可以应用于学术学习，帮助学生逐步学习和掌握学科知识。通过将学科内容分解为递进的步骤或概念，学生可以逐步建立对学科的理解。递进式方法还可以帮助学生渐进地应用学科知识解决实际问题，提高学术表现和应用能力。

第二，技能培养。递进式方法在技能培养中也非常有效。无论是学习一项手工艺技能、音乐演奏还是运动技能，递进式方法都可以将技能分解为逐步学习和练习的过程。学习者可以逐渐掌握技能的基本要素，并逐步提高技能水平。

第三，问题解决。递进式方法在问题解决中发挥着重要作用。复杂的问题可以分解为更小的子问题，递进地解决每个子问题，最终得到整体问题的解决方案。递进式方法帮助解决问题的过程更加系统化和可控，减少认知负荷，并提高问题解决的效率。

第四，创新思维。递进式方法也可以应用于创新思维的培养。创新过程常常是渐进的，从一个想法或概念逐步发展和演化成一个完整的创新解决方案。递进式方法可以帮助培养创新思维的能力。学习者可以通过逐步探索和发展创新想法，逐渐扩展自己的创造性思维和解决问题的能力。

递进式方法还可以在项目管理和团队合作中应用，将大型项目分解为更小的任务，逐步推进和完成每个阶段，有助于项目的顺利进行和目标的达成。递进式方法还促进团队成员之间的协作和沟通，使团队能够有序地推进工作，提高效率和质量。

二、递进式方法在石油化工专业实践课程中应用

递进式方法是一种在石油化工专业实践课程中应用的教学方法，通过逐步增加学习任务的难度和复杂度，帮助学生逐步建立和扩展知识和技能。在这种方法下，学生通过完成一系列递进的学习任务，逐渐提高对石油化工领域的理解和应用能力。

在石油化工专业实践课程中应用递进式方法，需要明确学习目标和任务，确保任务的递进性和渐进性。学生需要从基础的石油化工概念和原理出发，逐步深入学习和应用更高级的知识和技术。例如，初始阶段可以从石油化工的基本原理、工艺流程和设备操作开始，逐步引入更复杂的主题，如石油加工、催化反应和工艺优化等。

递进式方法要求教师在教学过程中提供恰当的指导和支持，教师可以根据学生的学习进展和能力水平，合理安排学习任务的顺序和难度。通过引导学生逐步探索和解决石油化工实践问题，教师可以帮助学生建立扎实的理论基础，并逐步培养他们的实践能力和创新思维。此外，教师还应提供及时的反馈和评估，帮助学生发现并纠正错误，进一步提高学习效果。

在石油化工专业实践课程中应用递进式方法还需要重视理论与实践的结合。石油化工专业实践课程注重学生的实际操作能力和问题解决能力的培养。因此，递进式方法可以通过将理论知识与实际操作相结合，促进学生对石油化工原理和技术的理解和应用。

此外，递进式方法还可以通过项目驱动的学习促进学生的综合能力发展。

教师可以组织石油化工项目，让学生在实践中运用所学的理论知识和技术。通过参与项目的规划、设计、施工和运行等阶段，学生能够综合运用所学的知识和技能，并通过实践经验逐步构建深入的专业知识和技能。

递进式方法还强调学生之间的合作学习和交流，在石油化工专业实践课程中，学生可以被组织成小组，共同完成一个石油化工项目。通过合作讨论、分享经验和解决问题，学生能够相互学习和借鉴，促进知识的共建和技能的培养。同时，合作学习也培养了学生的团队合作和沟通能力，这对他们未来在石油化工领域的职业发展至关重要。

总而言之，递进式方法在石油化工专业实践课程中的应用能够促进学生的学习和能力发展。通过问题导向的学习、项目驱动的学习、实践与理论的融合、合作学习和交流、反思和评估，学生能够逐步构建与石油化工领域相关的知识和技能。教师在应用递进式方法时扮演着引导者和支持者的角色，提供指导、反馈和评估，帮助学生充分发挥潜力，成为具备实践能力和创新思维的石油化工专业人才。

第五节　行为引导方法与石油化工专业实践课程构建

一、行为引导方法的认知

行为引导方法是一种教学策略，旨在通过明确学习目标、提供具体的行为指导和示范、及时的反馈和评价等手段，引导学生朝着预期的学习行为和目标方向前进。

（一）行为引导方法的理论依据

1.认知学习理论

认知学习理论强调研究现象的经验，认为它是一个整体，并具有特定的内在结构。学习就是通过认知重组把握这种结构，即一个"刺激—重组—反应"的过程。认知学习理论的顿悟学习（即格式塔）说认为，通过感官获得的认识都是一些由多种记忆痕迹组成的有组织的整体，即"完形"。学习不是加进去新痕迹或减去旧痕迹，而是通过新的经验或思维，使一种完形成为另一种完形。认知学习理论把学习者个体从被动反应中解放出来，学习者能够与外界进行交流，并把获得的新信息融入已有的认知结构中，从而产生新的学习机会。按照认知学习理论，现代教育应当帮助学生获得知识，这不是行为主义学习理论强调的纯传授事实和技能，而是扩大个体的认知结构，提高反馈能力，以快速、灵活地应对外界环境的变化。

2. 行为主义学习理论

行为主义学习理论主张通过经验获得在知识、技能和行为习惯的积累、改变或提高，从而带来新的学习潜能，最终实现改变人类自身的学习目的。巴甫洛夫的条件反射理论把人类的学习行为认为是一种条件反射。在职业培训中，许多技能通过重复练习能够形成一定的条件反射，从而形成良好的工作习惯。而整洁有序的工作环境也能够对劳动安全和环保意识产生所期待的条件反射。桑代克的学习联结理论认为，刺激与反应的联结在神经系统中是最基本的反应。学习就是形成这种联结的过程，是一种尝试错误的过程。偶然的成功会导致错误反应减少，正确的反应增多，最终形成固定的反应，使刺激和反应之间形成一定的联结。斯金纳的操作条件理论认为，学习是一个操作性条件反射过程，即一种积极主动表现出来的行为得到强化的过程，可以通过强化来控制行为反应，取得学习效果。

按照行为主义学习理论，学习主要研究"刺激"和"反应"的关系，即个体行为的"原因"和"效果"间的直接关系。学习者个人只有一种被动和反应的功能。学习局限在可观察的外在行为变化方面。行为主义学习理论把学习者看作是一个被动的客体，知识仅仅是按照统治者的控制和愿望自上而下传递，而"无知"的学习者既无法（参与）构建自己的学习环境，又不可能设计学习策略。

3. 行动导向学习理论

行动导向学习理论是起源于改革教育学学派的学习理论，它与认知学习理论有紧密的联系，都是探讨认知结构与个体活动间的关系。不同的是，行动导向学习理论是以人为本，认为人是主动、不断优化和自我负责的，能在实现既定目标的过程中进行批判性的自我反馈。学习不再是外部控制（如行为主义学习理论），而是一个自我控制的过程。在现代职业教育中，行动导向学习理论认为，学习的目的是获得职业（行动）能力，包括在工作中非常重要的关键能力。

在行动导向学习理论中，"行动"是达到给定或自己设定目标的有意识的行为，学习者能从多种可能性中选择行动方式。在行动前，学习者能对可能的行动后果进行预测，通过"有计划的行动"，学习者个人可以有意识地，有目标地影响环境。在行动导向学习理论中，"计划性"和"解决问题"具有重要的意义。要想达到学习目标，必须扫除一定的学习障碍，这里，有针对性地解决问题是关键，其基础是具备相应知识和实用的战略。行动导向学习理论将认知学习过程与职业行动结合在一起，将学习者个体活动和学习过程与适合外界要求的"行动空间"结合起来，扩展学习者的行动空间，提高个体行动的"角色能力"，对创新意识和解决问题能力的发展具有极大的促进作用。

与行为主义学习理论注重描写可观察的外在行为变化不同，行动导向学习理论更重视内部变化，更重视在思维和目标指导下的活动，在强调情感因素（如激励、学习气氛、学习的社会因素）的同时，也强调整体化的学习、思考、感觉和行动成为学习战略的基础。行动导向学习理论的核心是有目的地扩大和改善个体活动模式，其关键是学习者的主动性和自我负责，即学习者在很大程度上对学习过程进行自我管理。行动导向学习理论强调学习者对学习过程的评估和反馈，即学习评价。评价的重点是获取加工信息和解决问题的方法，包括自我评价和外部评价。

就职业教育而言，科学、高效、合理是现代教学方法研究的价值所在。科学，是指教学方法既要符合学生对知识认知的一般规律，又要符合对学生进行职业能力培养的特殊规律。职业教育现代教学方法的研究与应用，应当以知识的"够用"为尺度，以知识的"应用"为学生学习的最后归宿，这才能体现其科学性。高效是指教学方法既要满足学生适应岗位规范要求的近期需要，又要满足学生终身学习的长远需求。在这里，"高效"不仅仅是一种水平尺度，更是一种时间要求。时代不同，对人才的需求也不一样，职业教育不可能也不应该同社会发展和需求完全合拍。教学方法应当对培养学生扎实的基础、良好的学习方法、适应能力和创新精神有效用。这就是时代与社会对职业教育现代教学方法的"高效"要求。合理是指教学方法既要适应理论教学的常规结构，也要适应实践教学的特殊模式。

（二）行为引导方法的主要特征

行为引导方法是一种教学方法，具有以下关键特征：

第一，行为引导方法强调学生在整个教学过程中的主导作用。学生通过信息收集、计划制定、方案选择、目标实施、信息反馈和成果评价等环节，主动参与学习过程。与此同时，教师转变为指导者或咨询者的角色，注重指导学生学习的方法和策略。

第二，行为引导方法鼓励学生互相合作和全面学习。学生们在学习中共同参与、讨论和承担不同角色，通过合作解决学习问题。学习过程成为学会学习和获得经验的过程，涉及认识感觉、社会实践等多方面的内容。通过工作研究、配合和理解，学生能够全面掌握学习内容。

第三，行为引导方法注重培养学生的兴趣和独立精神。激发学生的学习愿望是重要的指导内容。学生通过内在的好奇心、兴趣以及外在的教师鼓励、合作和成果的喜悦，增强学习动力。同时，这种方法也培养学生独立解决问题的能力。学生被鼓励独立制订工作计划、完成工作并独立检验结果。

行为引导方法的这些关键特征共同构成了一种积极的学习环境。通过使学生成为学习过程的主体，促进学生之间的合作和全面学习，以及培养学生的兴趣和独立精神，行为引导方法能够提高学生的学习效果和自主学习能力。教师的角色也从传授知识者转变为引导者，引导学生探索和构建知识，激发他们的学习动力和创造力。因此，行为引导方法在教育领域中具有重要的应用价值，可以推动学生全面发展和成长。

（三）行为引导方法的重要意义

行为导向方法的目标是引导学生积极改变行为，将其视为教学的最终目标。通过采用各种自主式的教学样式和共同解决问题的教学模式，塑造学生多维的人格，包括认知、社会和情感等方面。在教学过程中，教师根据所采用的不同教学技术和内容，采用不同的教学形式。总体而言，他们的活动更多地表现为"隐性"的。他们提出学习任务，观察学生的学习活动和质量，准备提供帮助，对学生进行指导、提示和评价。而学生的学习活动则十分明显，表现为自主性的学习活动。他们通过收集资料、小组讨论、教师的指导，甚至任务完成的过程，将理论运用于实践，学习各种信息工具的使用，以及学习与他人合作等。

在行为导向教学法中，知识的教学不仅仅是系统性的单学科教学，它要求教师和学生运用所掌握的各类知识来处理问题。教学的组织形式可以根据学习任务的性质进行灵活变化。

行为引导方法在教育领域中起着重要的作用，它有利于学生创造能力的形成，并扩展了学生的眼界。这种方法鼓励学生自由发挥，为他们提供广阔的潜能发挥空间。通过行为引导，学生被激励去思考和创新，而不仅仅是接受传统的知识灌输。他们被鼓励提出问题、寻找答案和探索新的思路，这有助于培养他们的创造力。此外，行为引导方法还有助于学生独立工作能力的形成。学生通过这种方法学会获取信息、制订方案、作出决策、实施方案，并进行反馈和评价。他们被赋予了主动权和责任，需要自己思考和解决问题。

这样的经历帮助他们培养自主学习的能力，提高解决实际问题的技巧，并培养出一种独立工作的态度。

在协调能力方面，行为引导方法也起到了积极的作用。通过在真实或模拟环境中的轮岗工作，学生有机会与不同部门和对象合作。这种合作需要学生与他人进行有效的沟通和协调，能够培养他们的团队合作和协调能力，使他们学会了倾听他人的观点，尊重和接受不同的意见，并在团队中发挥自己的作用。此外，行为引导方法有利于学生应变能力的形成。学生在这种方法下被要求扮演不同的角色并应对各种情景。这种经历使他们能够在瞬间做出回答和应对，培养了他们的应变能力，使他们学会适应不同的情况和环境，灵活应对各种挑战。

挫折承受能力是学生成长中不可或缺的一部分，而行为引导方法有助于学生在这方面的培养。通过经历失败并吸取经验教训，学生能够提高挫折承受的能力。他们学会了面对困难和挑战时坚持不懈，并从失败中寻找机会和改进的方法。这种积极的心态和能力将使他们更加有信心地面对未来的挑战。

行为引导方法对学生综合职业能力的形成也有着积极的影响。通过独立完成综合任务，学生需要涉及多种学科知识，并将其应用到实际情境中。这样的综合性学习使他们能够全面发展，培养了解决实际问题的能力，并提升了他们的综合职业能力。

综上所述，行为引导方法在培养学生创造能力、独立工作能力、协调能力、应变能力、挫折承受能力和综合职业能力方面具有重要的作用。通过这种方法，学生能够拓宽眼界，发挥潜能，培养自主学习和创新的能力。同时，他们还能够通过合作和协调培养团队合作的能力，并通过应对挑战和失败来提高自己的应变能力和挫折承受能力。最终，他们能够综合运用所学知识解决实际问题，培养出综合职业能力，为未来的职业发展奠定坚实的基础。

（四）行为引导方法的作用体现

第一，行为引导方法的应用带动了课程改革。随着行为引导方法应用的不断推广，课程设置更加实用灵活。从整体上讲，把职业教育与能力培养和终身学习直接联系起来，打破原有学科性和系统性教学模式，设置了一些急需的应用性课程，使专业教学的实践性以及课程的实践环节更加突出，并使行为引导教学法教学目标的实现得以保证。职业院校不仅为学生提供宽厚的专业基础课程，还增设了长效性专业课程，以便学生具有在将来由于技术发展变化而顺利转岗所需要的能力，使职业院校的教育更富有生命力。

第二，行为引导方法在教材创新方面起了重要作用。教材是反映教学内容的重要工具，是实现教学目标的重要载体，是教师与学生教学活动的依据。只有教材与教学方法的有效结合，才能达到预期的教学效果。行为引导方法带动了职业教育教材编写方面的创新，其特点是：凡是要求学生掌握的最重要的陈述性知识，都简明扼要地列出来，使学生很容易找到，而且很清楚地表明这部分内容是必须掌握的。其他内容，特别是例子都用方框将其框起来，以示区别。凡是要求学生整理归纳的内容，新教材都以图、表等形式形象生动地表示出来，省去学生在整理内容方面花费的时间。新教材明显增加了实践应用方面的内容，都有用所学的原理解决实际问题的要求，使学生不仅知道这是什么而且知道怎么去做、可以有多少种方法去做，在做的时候需要注意的内容，而问题的答案通常不是单一的、标准的，而是多样的。

（五）行为引导方法的实施要素

实践指导教师是实践教学体系中的核心要素，他们扮演着主导的角色。他们通过激发学生的学习兴趣，帮助实现教学目的。实践指导教师需要制定具有针对性的授课计划，以符合学校和学生的实际情况。他们还要考虑学生的知识水平、语言能力、学习速度和理解能力，并选择适当的组织方式，如独立工作和小组合作。通过演示、启发和应用等教法，他们指导学员完成实践教学任务。

实践教学内容是实践教学体系的重要组成部分。它采用模块式教学，通过项目或课题的形式进行实践课程。构建"知识—能力—素质"的梯次结构表，综合基本工艺操作训练、基本实验技能训练、单项应用性实践训练、综合性和创造性实践能力训练。制定贴近工程实际，具有综合性、创新性和实用性的实践教学内容。此外，实践教学还突出职业观念、职业道德、职业能力和职业素质的培养。

学生在实践教学体系中扮演主体角色。实践课教学质量与学生的综合职业行为能力培养效果相关。因此，坚持以学生为中心的原则，调动学生的积极性和主动性至关重要。教师应该进行学生的研究和分析，并因材施教，为每个学生提供个性化的指导。

实践教学设施对于实践教学活动的效果起着重要的影响。实践教学要求学生进行动手操作，而设备、仪器、元器件、原材料和技术手册是必要的条件。此外，实践教学场所应该体现职业性，提供真实的职业环境培训，以增强学生的实践能力。

综上所述，实践教学体系依赖于实践指导教师的主导作用，合理的实践教学内容，积极主动的学生参与以及适当的实践教学设施。只有这些要素协同合作，才能有效地实现实践教学的目标，促进学生的综合职业行为能力的培养。实践教学体系为学生提供了更贴近实际的学习体验，帮助他们更好地适应职业发展的要求，并为未来的职业成功奠定坚实的基础。

（六）行为引导方法的教学形式

行为引导方法的教学形式主要包括以下方面。

1. 案例教学形式

案例教学形式能培养学生分析问题能力与灵活的应用能力。案例学习的对象是一个虚拟的或一个实际的情况。这个假定的情况应该包含一个问题状态。学生的任务在于查明问题状况并找到解决问题的方法和途径。案例的难度应相应于学生的年龄和学习水平。教师提供给学生的案例最好与具体职业活动有联系的，但是有社会意义或从学生本身出发的案例也是可以使用的。案例方法的应用范围特别适用于经济类的职业教育。案例教学形式强调学生进行独立和积极的活动。如果学生在处理案例时分小组进行，还能培养其表达能力及交际能力。分析和解决案例的过程比最后得到的结果更重要。通过案例教学形式，学习者能提高其实践行为的水平。

案例方法的一般步骤旨在通过一系列有序的活动，帮助学生培养解决问题的能力。以下是具体步骤：

（1）引发问题：教师提出一个问题状况或虚拟情况，激发学生的思考和好奇心，让他们自己发现问题。这种启发式的方式可以激发学生的主动性和参与度。

（2）提供背景信息：为了帮助学生更好地理解问题状况，教师提供相关的背景信息。这些信息可以包括相关数据、案例细节或相关理论知识，以便学生能够全面了解问题的背景。

（3）提供解决提示：教师为学生提供一些关于解决案例的提示。这些提示可以是关键概念、解决思路或方法论。提示的目的是引导学生思考和引发解决问题的思路。

（4）分析和解决问题：学生个别或小组合作，分析问题并提出解决方案。他们可以运用已学知识、推理能力和创造性思维来解决问题。这个过程中，学生需要运用案例方法中提供的背景信息和解决提示。

（5）学生介绍结果：学生将他们的解决方案呈现给全班或小组。他们可以通过展示、演示或口头表达等方式向其他学生展示他们的成果。这样可以促进学生之间的知识共享和相互学习。

（6）讨论和评价：全班或小组一起讨论和评价各个学生的解决方案。这个过程中，学生可以分享他们的观点、提出问题和提供反馈。这种互动可以促进深入思考和不同解决途径的探索。

（7）应用拓展：讨论案例结果在类似问题中的应用可能性。学生可以思考如何将所学到的解决方法应用到其他情境中，从而培养他们的问题解决能力和创新思维。

通过案例教学形式，学生在解决实际问题的过程中学习解决问题的方法和技巧。案例教学注重培养学习者的方法能力，使他们能够灵活运用所学知识解决各种问题。这种教学方法激发了学生的兴趣和参与度，提高了他们的自主学习和批判性思维能力。

2. 项目教学形式

项目教学形式是一种基于完整单元项目的教学方法，旨在通过独立设计和制造一个新产品等实际任务来促进学习。这种教学形式采用小组合作和独立工作相结合的方式，在实践课教学中进行。学员通常以 2 人或 4 人为一组，并定期进行交换，以促进交流和合作能力的培养。

在项目教学中，学员首先在小组内讨论项目课题，每个成员都能提出自己的见解和工作计划，这有助于锻炼学员的交流和合作能力。学员相互启发、相互学习，通过集体讨论和集思广益来弥补个人的知识欠缺，从而培养学员的学习和思考能力。

通过集体讨论和协作，学员能够确定较好的解决问题方案，这有助于锻炼学员的问题解决和创造性思维能力。在这个过程中，实践指导教师提供必要的指导和帮助。

根据确定的最佳方案，学员按照自己制订的工作计划，以个人或小组方式完成工作。学员按照预定的目标进行自我和相互的检查，评估工作结果的效果，这有助于培养学员的责任心、质量意识和评估方法。

在项目式实践课中，行为引导方法通常分为六个阶段：信息收集、工作计划制定、方案决定、实施、检查、评估。通过不断的培训和教师的启发和引导，学员逐渐形成自觉的行为意识，构建完整的职业行为方式。

项目教学形式的学习对象一般是跨学科的，学生需要参考不同学科的知识。这种教学形式注重学习的应用和综合性，学生在项目过程中能够理解知识和技能的实践意义。

最终，项目教学的成果能够提高学生的学习兴趣和满足感，例如通过制作工具、产品、小机器等。这样的成果不仅是对学生努力的回报，也是他们在实际任务中所获得的实际成就感。

3. 模拟法教学形式

模拟法教学形式是一种在人造环境或虚拟情境下进行教育活动的方法，其核心在于模拟练习。通过使用模拟设备和环境，学生可以获得重复和练习的机会，从而提高他们的技能和知识水平。这种教学方法的一个重要优势是可以替代实际复杂或危险的机器、设备或环境，使学生能够在安全的环境中进行学习和实践。

一个典型的例子是模拟办公室教学法，其中学生被置于一个模拟的商业企业中。这个模拟办公室包括各种部门，每个部门都有特定的功能和任务，并与外界有联系，但所有的活动都是模拟的。通过参与这样的教学活动，商务类专业的学生能够获得具体、综合和全面的理解。他们可以扮演不同角色，了解各个部门的工作，并通过模拟的情境与外界进行交互，从而加深对商业运作的理解。

模拟办公室教学法符合先易后难的教学原则。初始阶段，学生将接触到基础的任务和操作，逐渐熟悉各个部门的职能。随着时间的推移，任务的难度会逐步增加，要求学生展示更高层次的技能和决策能力。这种渐进式的学习方式可以帮助学生建立自信，并逐步提升他们的专业素养。

模拟方法创造了减轻实际环境复杂性的学习环境，为毕业后的工作做好准备。在模拟办公室中，学生可以面对各种真实世界中可能遇到的挑战和问题，但在一个相对受控的环境下。这种经验能够帮助他们培养解决问题和应对压力的能力，同时熟悉相关的工作流程。

另外，模拟学习还可以提供一种反馈机制，帮助学生了解他们的表现和改进的方向。通过模拟设备和环境的数据记录和评估，教师和学生可以一起分析和评估学生的表现，并根据反馈提供个性化的指导。这种实时反馈的机制可以帮助学生快速调整和改进他们的技能，更好地适应实际工作中的要求。

4.角色扮演教学形式

角色扮演在学习和职业活动中的应用被比喻为演员熟悉角色，就像演员不能忘记台词一样，要求学生在工作中符合规范。这种教学形式为将来的实际工作做好准备，特别对于需要注重交际能力的职业，如营销人员等，非常有用。角色扮演不仅可以培养学生多方面的能力，而且适用范围广泛，对于各行各业的培训都能提高效益。

角色扮演的核心包括学习和掌握自己的角色，同时了解对方的角色。这种方法能够改善学生的行为能力，并使他们注意他人角色的反应。通过角色扮演，学生能够培养社会能力和交际能力，提高处理冲突和自主决策的能力。通过模拟不同角色的情境，学生能够在一个相对安全的环境中进行尝试和实践，从而更好地应对现实生活中的挑战。

此外，角色扮演还能帮助学生了解和评价现实社会中不同角色的社会作用以及自身的位置。通过扮演不同的角色，学生能够更好地理解不同职业的要求和职责，增强他们对社会的认知和理解。

二、行为引导方法在石油化工专业实践课程中应用

行为引导方法是一种在石油化工专业实践课程中广泛应用的教学方法。该方法旨在引导学生形成积极的学习行为，培养他们的实践能力和专业素养。在石油化工这样复杂而具有挑战性的专业领域中，行为引导方法的应用可以帮助学生建立正确的学习态度和行为习惯，提高他们的实践技能和问题解决能力。

第一，行为引导方法强调明确的学习目标和期望行为。在石油化工实践课程中，教师可以通过明确的学习目标和期望行为，帮助学生了解课程的目的和学习重点。例如，教师可以明确指出所学知识和技能在实际工作中的应

用场景,激发学生对学习的兴趣和动机。同时,教师可以明确要求学生具备的实践技能和行为习惯,如安全操作、实验设计和数据分析能力等。

第二,行为引导方法注重提供具体的行为指导和模仿示范。在石油化工实践课程中,教师可以通过实际操作、演示和案例分析等方式,向学生展示正确的行为和操作方法。例如,在实验操作中,教师可以演示正确的操作步骤和注意事项,并引导学生模仿和实践,培养他们的实践技能和操作能力。同时,教师还可以提供详细的实验指导书和操作手册,供学生参考和学习。

第三,行为引导方法强调及时的反馈和评价。在石油化工实践课程中,教师可以通过观察学生的行为表现和实践成果,及时给予反馈和评价。例如,在实验操作中,教师可以观察学生的操作技巧和实验结果,及时指出错误和改进的地方,并给予肯定和建议。通过及时地反馈和评价,学生可以了解自己的优势和不足,调整学习策略和行为方式,提高实践能力和学习效果。

第四,行为引导方法鼓励学生的主动参与和自主学习。在石油化工实践课程中,教师可以引导学生主动参与实践活动,培养他们的问题解决能力和创新思维。例如,教师可以设计问题驱动的学习任务,让学生在实践中面对真实的石油化工问题,并鼓励他们主动提出解决方案。教师还可以组织小组讨论和合作项目,让学生在团队中分享知识和经验,共同解决复杂的实践问题。通过这样的学习方式,学生可以培养主动学习的能力和合作精神,提高他们在石油化工实践中的综合素养。

第五,行为引导方法强调创造积极的学习环境和学习氛围。在石油化工实践课程中,教师可以通过多种方式创造积极的学习环境,鼓励学生积极参与和互动。例如,教师可以组织实践课程的讨论和分享会,让学生有机会展示自己的成果和经验,与同学们交流学习心得和思考。教师还可以提供丰富的学习资源和学习支持,如实验室设备和文献资料等,帮助学生深入学习和探索石油化工领域的知识。

综上所述,行为引导方法在石油化工专业实践课程中的应用具有重要的意义。通过明确学习目标和期望行为、提供具体的行为指导和模仿示范、及时地反馈和评价、鼓励学生的主动参与和自主学习，以及创造积极的学习环境和学习氛围，可以有效地提高学生的实践能力和专业素养。石油化工专业的实践课程是学生掌握实际技能和应用知识的重要环节，行为引导方法的应用将为学生的职业发展和专业成长奠定坚实的基础。

第六章 石油化工专业实践课程体系构建中的应用创新

第一节 智能化模拟工厂在化工实践教学中的应用

化工类专业的人才培养目标是培养高端技能型人才，使其能够胜任石油化工企业的生产操作、设备维修、产品检验等工作岗位。然而，在教学过程中，学生需要掌握多种技能，而实训资源却常常有限的情况下，如何有效地进行培养成为一个问题。幸运的是，智能化模拟工厂的应用解决了这些资源短缺等问题，丰富了教学过程，优化了教学效果，为人才培养提供了有力支撑。

智能化模拟工厂由智能工厂和虚拟化工仿真系统构成。智能工厂是按比例制作的小型工厂，它利用分散控制控制系统和真实工厂相似的外观和内部结构，具有逼真、美观的特点。虚拟化工仿真系统则是整个系统的核心部分，利用计算机、三维图形、多媒体、仿真等技术构建与现实世界相似的虚拟情境，使学生能够在高度仿真的环境中进行探究和训练。虚拟化工仿真系统的设计参数来源于石化工厂生产装置，完整重现了生产流程和操作方法。

整个智能化模拟工厂系统可以分为三个子系统：三维虚拟工厂仿真系统、仿分散控制控制系统和设备内部结构仿真系统。三维虚拟工厂仿真系统和仿分散控制控制系统实现了外部操作员与内部操作员的协作，展现了真实工厂的工作环境和流程。而设备内部结构仿真系统则集成了详细的设备结构，方便学生对设备进行学习和认知。这样的智能化模拟工厂具有高效率、低成本、丰富内容、良好性能和安全环保等诸多优势。

智能化模拟工厂的应用大大提高了教学效率。传统的实训往往受限于时间和场地，学生可能无法亲身参与到真实的生产过程中。而通过智能化模拟工厂，学生可以随时随地进行虚拟训练，从而提高了学习的灵活性和效率。

智能化模拟工厂的应用也降低了培养成本。传统的实训通常需要大量的物质资源和人力投入，而智能化模拟工厂则通过虚拟仿真技术，减少了对实际设备和原材料的需求，从而降低了培养人才的成本。

智能化模拟工厂的内容也更加丰富。通过虚拟化工仿真系统的构建，学生可以模拟真实的生产流程，掌握各种生产操作技能，并在模拟环境中进行实践。这样的丰富内容可以更好地满足学生的学习需求，使其在真实工作岗位上能够更快速、更熟练地上手。此外，智能化模拟工厂还具有良好的性能和安全环保的特点。由于模拟工厂的操作都是在虚拟环境中进行，因此不会对真实环境和人员产生任何实质性的影响。同时，智能化模拟工厂也能够提供更加安全的学习环境，避免了在真实工厂中可能出现的意外和风险。

一、智能化模拟工厂在化工实践教学中的应用内容

（一）进行化工生产安全教育

化工生产条件的苛刻特性使其比其他行业更加危险，包括高温、高压、易燃、易爆、有毒和有害等因素。为了确保生产的安全运行以及保护职工的人身安全，必须具备安全、清洁和节能的生产意识，同时培养职业素养。

目前，安全教育主要采用集中授课和组织讲座等形式，停留在理论层面，缺乏实际体验和应用机会。然而，智能化模拟工厂作为一种新型的教育方式，为化工生产安全教育提供了全新的解决方案。

智能化模拟工厂通过虚拟化工仿真系统模拟了新上岗员工所需经历的三个阶段：入厂培训、岗前培训和上岗操作阶段。

入厂培训阶段涵盖了学习个人防护用品、消防知识、安全标识、危险化

学品、环保知识和法规条例等内容，为员工提供必要的基础知识。

岗前培训阶段在学习工艺知识的同时，通过考核强化安全知识。在虚拟环境中，操作错误会呈现真实的事故现场，并导致失去上岗资格，这样的体验使得员工更加重视安全问题。

上岗操作阶段需要持有获得的资格证书，通过前期培训所学内容进行实际操作。智能化模拟工厂训练使学员熟悉规范操作知识，学习应对突发事故的方法，提高安全警觉和防范习惯，为未来的工作奠定了职业素质的基础。

总之，智能化模拟工厂为石油化工专业的安全教育提供了一种全新的教育方式。通过模拟实践和真实体验，学生能够更好地掌握安全知识和操作技能，提高对风险的认识和应对能力，从而确保生产的安全运行，保护学生的人身安全，以及提高整个行业的安全水平。

（二）化工生产岗位技能训练

化工生产操作岗位是化工企业急需的岗位，也是化工类毕业生的主要就业选择。这些岗位需要具备多方面的能力，包括工艺操作、事故判断与处理、设备仪表使用维护、识图和制图等技能。为了培养学生在化工生产操作方面的能力，智能化模拟工厂提供了一个理想的平台，让学生能够在真实的化工企业生产环境中进行实践操作。

智能化模拟工厂通过仿真、实物和虚拟的模式来让学生熟悉化工生产岗位的流程，从而掌握装置加工工艺流程。学生可以通过参与模拟工厂的操作，深入了解化工生产过程中的各个环节，包括原料准备、反应过程、产品分离、设备维护等。这种实践操作的方式使得学生能够在虚拟的环境中进行多次练习和尝试，加深对化工生产操作技能的理解和掌握。

智能模拟工厂可以全方位地培养化工生产操作能力，包括外操能力和内操能力的训练。外操能力训练通过三维虚拟工厂仿真系统进行，学生可以使用键盘和鼠标在虚拟场景中进行设备的巡检、操作和处理。他们可以模拟真实的操作场景，了解设备的结构和工作原理，并学习如何正确操作和维护设备。这种虚拟实践让学生能够在没有真实设备的情况下进行操作，提前积累经验和技能。

内操能力训练是通过仿分散控制系统进行的。学生可以模拟真实工厂的工作状况，进行装置的控制和操作。他们可以学习如何监测和调节设备的运行参数，以及如何应对突发情况和事故。这种训练可以提高学生的反应能力和问题解决能力，使他们在实际工作中能够独立应对各种情况。

此外，内外操协同操作训练也是智能化模拟工厂的一个重要组成部分。这种训练通过两名学生操作两台计算机完成，模拟真实模拟工厂的操作状态。通过协同操作，学生们可以学会与他人合作和协调，共同完成复杂的化工生产操作任务。这种团队合作的训练能够培养学生的沟通能力、团队意识和协作能力，为日后的工作打下坚实的基础。

二、智能化模拟工厂在化工实践教学中的应用成效

智能化模拟工厂在化工实训教学中具有广泛应用，并带来了许多显著的优势。下文将详细探讨智能化模拟工厂在节约教学成本、再现职场情景和融入游戏元素等方面的具体效益。

首先，智能化模拟工厂的教学模式相对经济实惠。这种模式需要的设备和资金投入较少，同时更新和维护也相对容易。相比于传统的实物操作，学生无须进行重复性工作，节省了大量时间。此外，操作训练可以反复进行，无须考虑设备磨损和材料消耗，从而降低了教学成本，提高了教学效率。智能化模拟工厂还注重安全和环保，避免了可能存在的实验风险，为学生提供了一个安全的学习环境。

其次，智能化模拟工厂通过虚拟仿真技术再现了职场情景，使学生能够真实模拟各种三维工作环境、职业岗位和工作过程。学生可以在虚拟环境中按实际岗位的工作过程进行操作，实现了"做中学"的教学理念。通过这种方式，学生能够全面了解和把握工作过程，培养职业技能和素养。智能化模

拟工厂缩短了学校教学与工厂实际的距离，使学生更加接近实际工作环境，提高了实训教学质量，并为人才培养奠定了坚实的基础。

最后，智能化模拟工厂教学融入了游戏元素，为学生提供了更加有趣和吸引人的学习体验。通过虚拟空间、虚拟事物、虚拟人物和虚拟任务，学生可以通过感知设备进入虚拟空间，独自或协作完成任务。学生将学习视为一种轻松的活动，类似于玩游戏，这可以极大地吸引学生的兴趣，提高他们的学习积极性和主动性。游戏化的学习环境还可以激发学生的竞争意识和团队合作精神，培养他们的创造力和问题解决能力。

第二节　石油化工专业教学中思维导图的应用实践

石油化工生产技术是石油化工专业的核心课程，它涵盖了天然气、石油等资源作为原材料的化工过程以及典型有机化工产品的性质和用途。这门课程的学习要求学生掌握基础理论知识和基本技能，使他们能够理解化学反应过程、工艺条件以及主要设备的运行。然而，由于石油化工生产技术课程内容繁多且涉及的知识点众多，学生容易感到混淆和困惑，特别是在衍生物化工产品的生产规律方面。这就需要一种方法来解决这些问题，提高学生的学习效果。在这种情况下，采用思维导图方法是一种可行的解决方案。思维导图是一种可视化思维工具，它具有简单、高效、形象化等优点。

思维导图通过放射性思考和整合零散的思维片段，帮助人们处理复杂问题、整理思路和进行分析决策。对于学习石油化工生产技术课程而言，思维导图可以帮助学生将繁杂的知识点整合起来，形成一个清晰的思维框架。学生可以使用思维导图将不同的化工过程、反应条件和设备运行等要素以及相关的衍生物化工产品联系起来，从而更好地理解它们之间的关系。

通过构建思维导图，学生可以将课程中的各个知识点进行分类和归纳，使其更易于记忆和理解。例如，学生可以将不同的化工过程分为催化裂化、氢化、聚合等大类，并在每个大类下进一步细分为具体的反应类型和工艺条件。这样的分类和层级结构使得学生可以系统地学习和掌握课程内容，而不是被大量零散的知识点所迷惑。此外，思维导图还可以帮助学生发现知识之间的关联和依赖。通过在思维导图中使用箭头和线条来表示各个知识点之间的关系，学生可以更清楚地了解这些知识点之间的逻辑和相互作用。这有助于学生形成更为完整和准确的知识体系，并能够将其应用于实际的石油化工生产中。

思维导图在石油化工生产技术课程教学过程中的应用主要包括以下内容。

课前预习在学习中起着至关重要的作用，然而学生在这方面存在一些问题。学生的学习积极性和自觉性不高，同时他们缺乏合适的预习方法。为了解决这一问题，教师可以提前提供知识目标、重难点和思维导图作为预习材料，鼓励学生根据自己的理解绘制预习思维导图，并带着问题去听课，以提高学习积极性。

在课堂教学过程中，教师可以利用思维导图将知识点图解化，并要求学生以思维导图的形式记笔记。教师可以根据学生的预习情况和反应提出问题，引导学生主动思考，建立自己的知识结构体系。通过预习、听课和课后总结，学生可以完善自己的思维导图，提高概括总结能力和对知识的理解。

课后复习是提高记忆效果和加深理解的重要手段。学生应该利用思维导图对所学内容进行归纳整理，并提交复习思维导图，以巩固知识。通过绘制思维导图，学生可以将知识点与其间的关联关系清晰地呈现出来，帮助记忆和理解。

在石油化工生产技术课堂学习中，由于时间有限，教师只能讲解相对重点的知识，其他内容需要借助学生自学。为了提高自学效果，学生可以利用思维导图对未涉及的内容进行自学，绘制相应的思维导图，并及时向教师提问。通过绘制思维导图，学生可以对知识进行归纳总结，进一步提升自学的效果。

　　传统的课堂测试或考试只提供抽象分数，而学生绘制的思维导图则呈现知识结构的图式再现。思维导图评分可考虑知识点联系紧密性、概念 / 理论占比、层级关系的科学清晰性和语句表达的简练准确性。这种评分方式能够更准确地反映学生对知识的理解程度，同时鼓励学生以图形化的方式整理和呈现知识。

　　思维导图可用于评价学生学习效果和自我评价，帮助学生解决问题并提高学习效果。通过绘制思维导图，学生可以更好地厘清知识点之间的关系，发现自己的学习中存在的漏洞或不足，并有针对性地进行改进。思维导图还可以促进学生主动思考和批判性思维的培养，激发学生的学习兴趣和创造力。

　　基于思维导图的教学工具重新架构了课前预习、课堂教学和课后复习的教学模式。学生在课前通过绘制思维导图对即将学习的知识进行预习，可以提前建立起知识的框架和概念，使得课堂上的学习更加高效和有针对性。在课堂上，教师可以通过学生绘制的思维导图来评估学生的理解情况，根据学生的导图展示进行讲解和互动，促进学生的参与和深入思考。课后，学生可以通过回顾和完善思维导图来巩固所学知识，并对自己的学习效果进行评价和总结。

　　学生通过绘制思维导图能深化记忆、提高学习效率、建立知识体系和培养逻辑思考能力。绘制思维导图可以帮助学生将零散的知识点进行整合和梳理，使得知识结构更加清晰。同时，思维导图可以激发学生的联想和创造力，帮助他们更好地理解和记忆知识。通过绘制思维导图，学生可以更有目的地进行学习，减少学习中的遗漏和重复，提高学习效率。此外，思维导图还可以培养学生的逻辑思维能力和问题解决能力，使得学生在解决实际问题时能够更加清晰地思考和分析。

　　教师可利用思维导图工具评价教学设计、课堂组织和学生学习过程，提高教学效果。教师可以要求学生绘制思维导图来展示他们对知识的理解和掌握程度，从而评价自己的教学效果。同时，教师还可以通过学生绘制的思维导图来发现学生的学习困难和问题，及时调整教学策略和方法，提供有针对性的帮助和指导。思维导图工具还可以帮助教师更好地组织课堂内容和展示知识结构，使得教学更加清晰和生动。

在石油化工生产技术课程中应用思维导图教学，有助于培养学生自主学习能力、提高课堂教学效果和解决课时有限的难题。石油化工生产技术课程涉及众多复杂的工艺流程和技术知识，学生通过绘制思维导图可以更好地理解和记忆这些内容。同时，思维导图工具可以帮助学生整合和归纳所学知识，建立起知识体系，使得学生能够更加深入地理解课程内容。在有限的课时中，思维导图还可以帮助学生更快地掌握重要的知识点和关键概念，提高学习效果和应用能力。

参 考 文 献

[1] 张焱琴. 现代学徒制模式下石油化工专业课程体系构建研究 [J]. 广州化工，2021，49(17)：234-235.

[2] 曹静. 创新校企合作模式推动实训基地建设——以盘锦职业技术学院石油化工专业实训基地建设为例 [J]. 辽宁高职学报，2014(10)：59-61.

[3] 陈海燕. 高职商务英语专业实践教学体系研究 [M]. 北京：北京理工大学出版社，2016.

[4] 崔丽君. 职业教育"双师型"师资队伍建设研究 [J]. 辽宁开放大学学报，2022(3)：52-55.

[5] 侯党社，孙艳萍，张娟，等. 石油化工专业群复合型人才培养研究与实践 [J]. 陕西教育（高教），2022(2)：54.

[6] 黄金敏，何涛. 多元招生背景下高职院校教学管理创新与实践 [J]. 职业技术教育，2022，43(14)：10-13.

[7] 霍俊煌. 石油化工专业"两后生"人才培养模式的探索与实践 [J]. 新教育时代电子杂志（学生版），2020(42)：290.

[8] 李翠清，靳海波，罗国华，等. "石油化工"特色人才培养路径研究 [J]. 国家教育行政学院学报，2010(7)：71-73.

[9] 李军民，周育辉. 基于社会需求导向视角的高职人才培养模式范式研究 [J]. 科技资讯，2019，17(21)：113+115.

[10] 刘立新，王建伟. 智能化模拟工厂在化工实践教学中的应用研究 [J]. 广东化工，2016，43(2)：155.

[11] 齐向阳. 石油化工专业"岗位技能递进"人才培养模式研究 [J]. 职业教育研究，2013(3)：157-159.

[12] 斯琴高娃，邓惠丹，陈翠琴，等.化工类专业职业教育人才培养模式的教学改革与实践探讨 [J].塑料工业，2023，51（2）：183.

[13] 隋金玲，吴波，李合增，等.石油化工类专业企业实习教学模式的创新与实践 [J].实验技术与管理，2012，29（7）：125-128.

[14] 孙庆国，张永帅.基于工作过程的石油化工生产技术专业课程体系的研究与构建 [J].吉林省教育学院学报（下旬），2015，31（11）：93-96.

[15] 王建强.产教融合背景下高职院校石油化工类专业课程的开发与实施 [J].广东化工，2022，49（7）：200.

[16] 王丽，单书峰，周如金.炼化特色的课程思政设计及教学改革实践——以"石油化工工艺学"为例 [J].教育教学论坛，2023（9）：60.

[17] 王茂森.浅谈高职石油化工专业的人才培养 [J].科学咨询（科技·管理），2021（3）：146.

[18] 王守伟，苏雪，赵立祥.思维导图在石油化工生产技术教学中的应用与实践 [J].兰州石化职业技术学院学报，2019，19（2）：61.

[19] 王小萍.高职实践教学有效性缺失论析 [J].教育与职业，2011（17）：163-164.

[20] 温守东，郑哲奎，丁玉兴.高职高专石油化工生产技术专业课程体系的研究与构建 [J].石油教育，2009（4）：32-34.

[21] 吴秀玲.高职"石油化工专业群"复合型技术技能人才"五跨"培养模式的探索与实践 [J].化学教育，2020，41（2）：65-70.

[22] 徐玮颖.高等职业教育实践教学体系建设研究 [M].上海：立信会计出版社，2006.

[23] 徐鸣.石油化工专业"点—线—面—体"全周期复合人才培养 [J].中国石油大学胜利学院学报，2019，33（3）：51-55.

[24] 晏华丹.高职共赢性校外实训基地建设的研究——以石油化工生产技术类专业为例 [J].辽宁高职学报，2015，17（6）：77-78，107.

[25] 于立国，高海军，杨博.高职院校石油化工类专业"三进三延伸"人才培养模式构建与实施 [J].中国职业技术教育，2021（29）：40-47.

[26] 张军科，曹赟.高职石油化工技术专业实践教学体系的构建与实践 [J].广州化工，2018，46（4）：151.

[27] 张亚娜.双创时代下应用型本科实践教学体系研究：以财务管理专业为例 [M].北京：中国纺织出版社有限公司，2020.

[28] 钟伟.基于"工学交替"的高职石油化工生产技术专业优质核心课程建设研究 [J].中国新技术新产品，2014（17）：166.

[29] 周萃文，尚秀丽，索陇宁.高职石油化工专业物理化学教学改革创新 [J].广东化工，2014，41（5）：195.

[30] 朱小萍.加强高职实践教学管理的途径 [J].职教论坛，2010（23）：45-46，49.